城市中间结构形态研究

Research of Urban Intermediate Structure

孟建民 著

东南大学出版社
南京

内容提要

本书通过对城市中间结构形态问题的理论研究，阐明了城市结构形态、城市中间结构形态等基本概念，分析了城市中间结构形态与其他相关结构形态的基本关系，进而建立了一套新的研究观念和体系。

本书以中间结构形态理论的观念和方法为指导，对南京城市各个时代的城市建构过程进行了全面系统的阐述和分析，从而归纳总结了南京结构形态演变的动因和规律。并以历史的研究为启示，以新的规划观念、方法为基础，对南京城市结构形态的未来发展进行尝试性的预测和分析。

本书适于作为城市规划及管理人员、城市问题研究人员及大专院校有关专业师生的参考书籍。

图书在版编目（CIP）数据

城市中间结构形态研究 / 孟建民著．—南京：东南大学出版社，2015.3

ISBN 978-7-5641-5612-1

I. ①城… II. ①孟… III. ①城市规划－研究 IV. ① TU984

中国版本图书馆 CIP 数据核字（2015）第 055406 号

城市中间结构形态研究

著　　者 孟建民
出版发行 东南大学出版社
社　　址 南京市四牌楼 2 号　　邮编：210096
出 版 人 江建中
网　　址 http://www.seupress.com
责任编辑 戴　丽
文字编辑 辛健彤　陈　淑
责任印制 张文礼
经　　销 全国各地新华书店
印　　刷 利丰雅高印刷（深圳）有限公司印刷

开　　本 700mm×1000mm　1/16
印　　张 17
字　　数 260 千字
版　　次 2015 年 3 月第 1 版
印　　次 2015 年 3 月第 1 次印刷
书　　号 978-7-5641-5612-1
定　　价 58.00 元

* 本社图书若有印装质量问题，请直接与营销部联系。电话：025-83791830

修订说明

本书自 1991 年出版至今，已经历 20 余载，趁此机会我对全书进行修订以适应现在读者的需要。关于本书的具体修订工作，特作以下几点说明：

1. 保持原书的体系和结构，本书的系统及逻辑性、写作风格等没作改变；

2. 对原书的疏漏之处，如文字措辞、标点符号应用等作出修正；

3. 由于当时印刷技术的限制，书中部分图片较为模糊，借此修订之际进行提升。

本着对读者负责的态度，此书由本人与东南大学出版社共同修订，对原书通篇进行锤炼与修正。因水平所限，书中难免还会出现缺点和错误，敬请广大读者批评指正。同时借此机会，向给予我们关心和帮助的同行及专家学者致以由衷的感谢。

孟建民

2015 年 2 月

序

城市形态的研究是设想比较客观、具体、分层次多方位、学科交叉地研究人类聚居的主要形式——城市，及其发生、演变、兴起、衰落的进程特点和发展规律。我们研究这一课题已经历了八个年头。先是从我多年的研究中拿出了《城市的形态》（研究提纲），提出了研究该课题的必要性和方法；尔后我们通过苏南小城镇形态的演变，抓住两个小镇规划的试点，又从社会经济结构的变化对小城镇形态作出分析，并进行试点规划设计和实践；然后，再上一个层次，我们对一个发达地区的小城市作了总体规划、修改及新区城市设计的研究；最后就是对一个中等城市形态作了分析，并对两个特大城市作了比较研究。这些都是通过博士生、硕士生的论文取得的成果。我们在研究形态演化的认识和方法上还需再提高到对特大城市作出形态研究。

特大城市的研究是一个难度大、多系统、发展进程漫长、矛盾较多的课题。而孟建民同志从“城市的发展是沿着自身的社会结构和经济力量，规划的（计划的）与无规划的（无计划的）交错、交替发展，这种发展的结果不能不使人们深入地思索，并认真考察构成这些现状结构形态的原因”的理论分析写出了《城市中间结构形态研究》的著作，获得了专家们的好评。他收集了城市历史发展的大量资料和素材，特别是近代历次城市规划及其实践变化，取得了第一手的资料，在扎实的基础上，学习旁系科学的知识和研究方法，写就此文。作为一位青年学者，这种求实的学风和奋发刻苦钻研的精神是十分值得称赞的。

可以认为，城市形态的研究是一项十分有意义的工作。从历史的发展，以经济社会政治为背景，多系统、多因素作用于城市的物质形态和精神形态，从而在观念、价值取向及实施序列等诸方面是有许多课题可以探讨的。从他的研究中可以得出：城市形态的形成与历史的社会经济、政治制度密切相关，地理因素是研究的重要方面，社会生产力的发展推动城市的发展，特别在近现代城市中，工业生产的发展是推动城市发展的主要因素。上层建筑、意识形态直接和间接地从建设实施的规划和行动上主导了城市的演化。再有科技、文化的发展，观念形态的变更都影响着城市形态的构成，城市赖以生存的能源、交通通讯、供排水、环境保护等等都牵动局部以至整个城市形态，我们只能从城市发展的“阶段”中作具体的分析，才能得出相对可靠的结论。这对具体研究一个城市未来的发展，探求内在机制的调整及采取的措施都是十分有益的。

探讨和研究城市形态是艰难的事，但毕竟向前跨进了一步。漫长的研究还有待于我们在实践、认识、比较的基础上继续深化，达到新的境地。

齐　康
于东南大学建筑研究所
1990 年 12 月 26 日

前　言

城市有规划与无规划交错、交替地发展，不仅是城市发展的一种历史现象，而且也是城市发展面临的现实问题。从历史上看，自人类对城市发展始有规划活动以来，完全按人类意志和愿望建设发展起来的城市几乎没有。在古代，人类就构想过各式各样美好的城市模式，并试图按此实现他们心目中的理想之国，如古罗马、古代中国及古代印度等都产生过理想城市模式，这是由人类改造环境之本能所决定的。虽然完全按理想模式建构的城市极少，但理想模式对城市结构形态发展的影响则是始终存在的。

在现代，工业革命推动了现代城市规划理论与实践的向前发展。在世界上每一个工业化及城市化之地区，都广泛开展起现代城市规划的实践活动。最初在工业革命的策源地——英国，针对工业化给城市带来的各种不良影响，首先展开现代城市规划的改造运动，提出了“花园城”规划的理论与模式，从此在城市规划设计的研究领域中又不断产生出更多新的规划理论与模式，如同古代城市规划的实践一样，虽然这些新的理论模式并未能在城市规划实践中得到彻底贯彻，甚至有的城市规划理论与模式还在实践过程中以失败告终，但它们对城市发展的客观影响则是久远而深刻的。人类通过对城市发展的宏观干预，将人为的理想模式不同程度地刻印到城市的客观结构形态中。对每一个具体城市来讲，每经历一次规划建构，所得的客观结果与原本理想之间总会产生一些偏差，即使是经过严格规划限制的城市，如美国的华盛顿、巴西的巴西利亚等，它们的规划理想与具体实现之间亦存在一定的距离。城市有规划与无规划的建构过程总是相伴存在、形影不离，它们之间的交互作用，使得城市结构形态具有特殊的形式。

就现实而言，在我国城市规划的实践过程中，许多城市亦普遍遇到规划目标与现实发展不相一致的矛盾。如北京、上海、天津、武汉及南京等诸多大城市，城市用地规模及用地结构形态的发展大都超出了原规划要求。具体以南京为例：原规划确定 2000 年城市人口为 150 万人，但在 1985 年即超出了这一规划指标，1989 年全市人口已增加到 160 万人（指主城区人口）；原规划确定的“圈层式城镇群体”结构已被实际发展所突破，部分地区主城与外围城镇已连成一片，等等。这些超越现象已使原规划在一定程度上失去了实际效用。

然而，对上述城市规划与现实发展之间的矛盾问题，在以往的研究领域中并没得到应有的重视和系统的分析。人们或是从客观角度探寻城市演变的自身规律，或是从人的能动角度研究城市规划的途径与方法，但却忽略了介于两者之间的“中间”问题，即规划对城市发展的影响，以及城市自构反作用于人的规划干预。

实际上，现实世界展示给我们的城市客体既不是纯粹的规划产物，也不是纯粹的自构机体。城市是人为建构与自发建构交互作用形成的一种特殊产物，这特殊产物的结构形态即称为“城市中间结构形态”。

本书对城市中间结构形态问题系统性研究的意义在于：从理论角度讲，在城市形态学和规划学的交叉领域内，深化对城市结构形态问题的研究，填补形态研究与规划研究之间的空白，从新的角度探讨城市结构形态的发展现象和规律。从实际角度讲，通过建立一套研究观念与方法更为系统地分析、总结城市结构形态的演变动因和进程，为解决现实问题提供历史的启示和依据。

在应用研究方面，本书选择南京城市发展为研究对象，主要是基于以下几点理由：

一、南京作为沿海发达地区的重要城市和历史名城，其城市建设和规划发展具有一定的典型意义。

二、南京作为民国首都所在地，其规划建设在我国民国时期的城市建设中具有一定的代表性。而目前的研究对我国民国时期的城市规划建设尚缺乏一个深入系统的整体分析。

三、经过十年改革开放，南京城市环境发生了很大变化，原总体规划已不能适应新时期的发展要求。为了配合南京城市规划的修正与调整，本书试通过对南京城规建设发展的系统分析，为南京城市的规划调整提供参考性依据和建议。

四、根据我所承接的建设部“城镇建筑环境设计的研究和试点”课题的要求，在大城市试点研究方面，指定以南京为研究对象，本书即为该项科研课题的单项研究成果之一。

本书的基本框架是：

首先，通过对城市中间结构形态问题的理论研究，阐明城市结构形态、城市中间结构形态等基本概念的内涵意义，分析城市中间结构形态与其他相关结构形态的内在关系，进而建立或形成一套新的研究观念和体系。

其次，本文以中间结构形态理论的观念和方法为指导，对南京城市古代、近代、现代和当代各个时期的城市建构过程进行全面系统的阐述和分析，从而归纳总结具有一定典型意义的南京城市结构形态演变的动因和规律。

最后，本书以历史的研究为启示，以新的规划观念、方法为基础，以南京为案例对城市结构形态的未来发展进行试探性的预测和分析。

对城市中间结构形态问题的研究是本文提出的一个新题，作为一种新的探讨和尝试，尚有待进一步深入展开和完善其研究体系。

本书作为“齐康城市建筑形态系列研究之二”（系列研究之一将由东南大学出版社出版）是在博士论文的基础上略改而成。在本书撰写过程中，得到导师齐康教授的悉心指导和热情关怀，借此书出版之际，特向我的导师深表谢意！同时还要向曾给予我指教和支持的南京大学宋家泰教授，南京市规划局陈铎、陈福瑛总规划师，中国科学院南京地理研究所沈道齐、丁景熹研究员，东南大学鲍家声、吴明伟教授表示感谢！

1990 年 10 月

目 录

第二部分　南京城市结构形态演变的总体分析

第一部分

城市中间结构形态的基本理论

第一章 城市中间结构形态的相关概念

一、城市结构形态

（一）城市结构的涵义

要阐释城市结构的涵义，关键在于对“结构”一词的正确理解。什么是结构？由于人们都是从自己的观察角度或研究角度来认识它或解释它，所以关于“结构”的定义并无一个统一的认识。尽管如此，在人们对“结构”众说纷纭的解释中，瑞士学者皮亚杰（J.Piaget）对“结构”的定义则较有代表性和权威性。皮亚杰指出：结构是一种关系的组合。事物各成分之间的相互依赖是以它们对全体的关系为特征的。即一个具体事物的意义并不完全取决于该事物本身，而取决于各个事物之间的联系，即该事物的整个结构①，正如城市的居住区、生产区、商业区等功能的简单相加并不等于城市的整体功能那样，“整体大于（或小于）部分之和”是结构的本质所在。

根据结构的涵义，城市结构则可定义为：城市构成要素之间的关系组合。这种关系组合无论是简单的还是复杂的，是松散的还是紧密的，它们都反映出城市机体的一种平衡、秩序和效率的状态与水平。城市的结构特征是城市的一种基本属性。

在探讨城市结构问题的过程中，我们发现许多人对城市结构涵义的理解是非常狭义的，他们往往把城市结构的内容局限在城市物质或空间的关系组合上，只把城市的具形结构或空间结构作为城市结构，甚至还有人将城市结构涵义限定到更为狭义的范围，如英国城规专家汤姆逊（J.M.Thomson）在研究城市结构问题时，就提出“有结构的城市”（structured city）、“无结构的城市”（unstructured city）两个概念。他认为，有明显市中心的城市是有结构的城市[②]，而那种住家、工作场所、商店、文娱场所等是均匀分布或零乱分布并缺乏一个明显市中心的城市则是无结构的城市。对于这种关于城市结构的狭义解释，我们没有理由来评判它的对与错，因为建立概念的意义并不在于概念形式的本身，而在于建立的概念是否能帮助解决一定的问题，并在相关的概念群中成为完整体系的逻辑部分。如果将城市结构涵义限定得太窄，则不利于我们对城市的发展进行全面探究与整体性考虑，从这种意义上讲，对城市结构下的定义应力求具有相对的宽泛性，即城市结构不仅包括城市的物质设施、土地的利用、城市交通、空间形体等显性结构（dominat structure），同时还包括城市的社会（如人口、就业、社会组织等）、经济（如产业、地域开发、资源利用等）、文化（教育水平、学校等级数量等）及自然环境等内在的、具有相对隐性的结构内容。城市显性的实体结构往往是城市社会、经济、文化等隐性结构（recessive structure）的某种映射，当然，前者的改变对后者来说有时也存在某种反向牵动机制。城市显性结构与隐性结构实际上是城市结构的两个层面。

（二）城市形态的涵义

城市形态问题是近几年十分引人注目的研究课题。在国内刚展开这方面问题的研究时，齐康教授就提醒人们不要混淆“城市形态”与“城市布局”、

“城市结构”及“城市体系”之间的不同涵义[3]。要了解城市形态的确切意义，必须首先认识“形态”这一概念的基本涵义。

“形态”（form）是形态学（morphology）研究中的基本概念。形态最初是指生物体在不同条件下表现出的某种形式状态。形态学的研究最早源于生物学，它是生物学中关于生物体结构形态的一门分支学科。形态学的研究观念与方法被引借于研究城市问题，是在人们对城市本质认识的深化过程中实现的。当人们愈来愈认识到城市发展并非都是机械式增长，而是像生物一样，它的发展类似于一个生命的成长过程，于是为能进一步研究揭示城市发展的内在规律，生物形态学的研究观念与方法便被引用到城市问题的研究之中。随着人们在这一研究领域的不断开拓，城市形态学便逐步形成。

关于城市形态的涵义，确切地讲，它是“构成城市所表现的发展变化着的空间形式的特征，这种变化是城市这个‘有机体’内外矛盾的结果。在历史的长河中，由于生产水平的不同，不同的经济结构、社会结构、自然环境，以及人民生活、环境、民族、心理和交通等，构成了城市在某一时期特定的形态特征”[4]。这一定义主要强调了城市形态的动态性与表征性。其动态性表明，城市形态在不同时期、不同发展阶段可能存在着差异，同时还包含了形态变异过程中的连续性特征；其表征性在于它既可反映城市总体的外部形式特征，又可表现城市内部空间形式的特征。

人们对城市形态问题的研究正日渐深化，但值得指出的是，研究城市形态的意义并不在于城市形态本身，而在于通过研究城市形态、城市的表层特征，来探察城市的深层结构，即通过研究并掌握城市形态与城市功能、结构演变的相关的规律，而达到由城市形态的演变特征就可在某种程度上了解城市发展的内在机制、预示城市发展的未来以及判断或评价城市功能结构的合理性。

（三）城市结构与城市形态的关系

结构与形态是两个不同的基本概念，从本质上讲，结构是指事物要素之向的关系定式，而形态则强调事物的形态特征。就普遍意义而言，具有内在结构的物体必然会呈现一定的形态，但呈现有一定形态的物体并非必有内在结构的属性。正如设在动物园门前的动物塑像与关在笼内的动物，它们虽然同具一样的形态，但谁也不会以为它们的内在结构有所等同。当然，这种比喻对于城市并非适宜，因为城市作为生态系统，本身已决定了它的结构属性。可以认为：有城市就有功能，有功能就有结构，有结构就必然具有形态特征。但从逻辑上讲，这一判断过程是不可逆的。这种不可逆也说明了形态比结构具有更大的宽泛性。

对城市而言，城市结构与城市形态是紧密相关的。在城市发展过程中，城市结构的转换大都牵动城市形态的变异。根据城市结构与形态的相关性，我们就有可能通过一方面的研究来推断另一方面的演变特点。但英国城规理论家麦克劳林（J.B.Mcloughlin）指出：事物的相关关系并不等于事物的因果关系[5]。这对城市结构与城市形态之间的关系来讲也是如此。因为在现实世界中我们可以发现，相同的城市形态可能具有不同的城市结构（图1-1），而相同的城市结构又可能表现出不同的城市形态。如明代南京与北京虽然都具有宫城、皇城、都城三套城的布局结构，但在城市形态上，它们却完全属于两种类型（图1-2）。

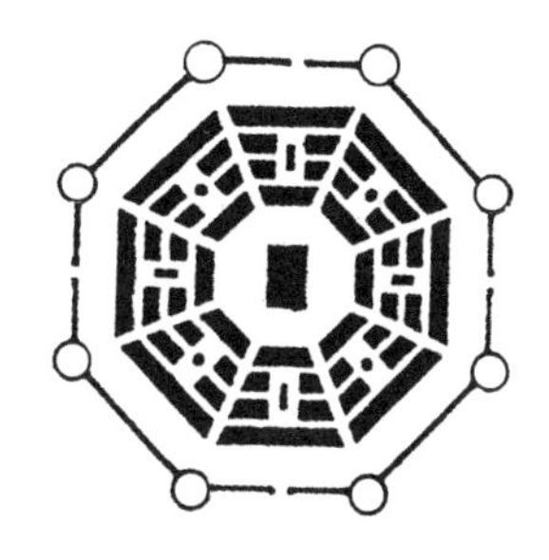

图 1–1 相同的城市形态相异的城市结构

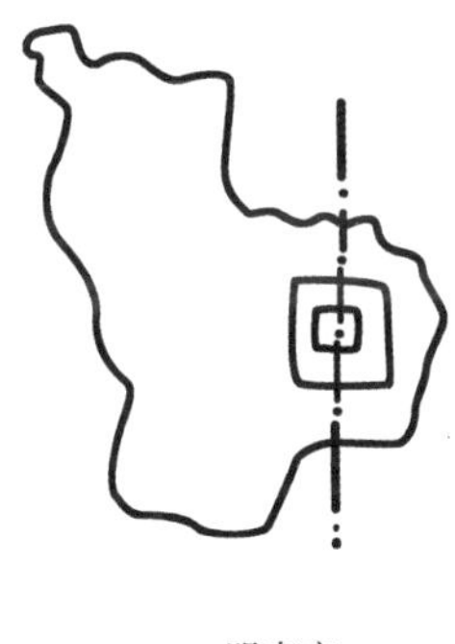
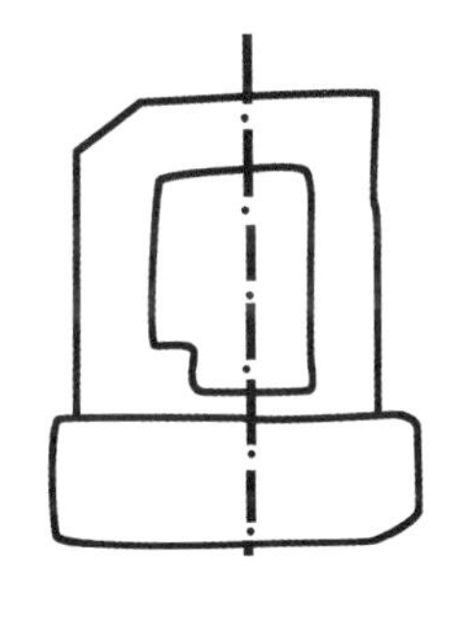

明南京 明北京

图 1–2 明南京与北京皆为三套城结构，但城市形态不同

从广义上讲，城市结构与城市形态的涵义有时是相互渗透的。就城市结构来说，它可以分解为城市构成要素的质（如工业区、住宅区、城市干道、次要干道等质的差异）、构成要素的量（如两处工业区、三片住宅区、一条主干道等量的差异）以及构成要素空间分布形式（如不同分区之间的距离、干道、次干道之间的交叠形式等）。关于城市结构质、量、形中的任何一个方面的改变，都可能引起城市结构总体性质的改变。而城市构成要素相关的形，实际就是城市形态。换而言之，城市形态的变异在某种意义上只是城市结构演变的一个重要方面。再对“纯城市形态”而言，城市形态亦可进行结构性分析。如图 1–3 所示，仅从形态角度进行判别，我们

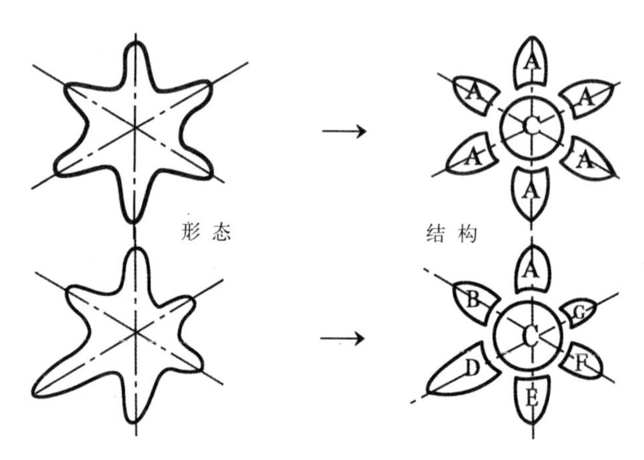

图 1-3　城市形态的结构分析

会以为两者属于星状城市形态，一个为对称形，另一个成非对称形。但若从结构的角度加以分析，那么这两个形态就可分解为“中心体”与“触角”两个要素。若再从“触角”与“中心体”的关系上判断，一个呈对称分布关系，另一个呈非对称分布关系。这也正是所谓的形态结构。根据城市结构与城市形态涵义的相互渗透性，我们更加强了这种认识：即结构注重的是事物的关系，而形态注重的是事物的表征。另外通过城市形态的结构分析，更可加深理解西德社会学家菲尔斯滕贝格（F.Furstenberg）所强调的一句话，即：不要把结构范畴看成是一种固有的东西，而应该视其为一种认识的手段[⑥]。

（四）城市结构形态的复合涵义

通过对城市结构与城市结构形态演变过程中的相关性及在概念上相互渗透性的阐述，可以得出这样的结论：即城市结构与城市形态之间的关系是密不可分的。研究城市形态必然要深入到城市结构问题，研究城市结构也不可避免要借助于城市形态的研究。从本质上讲，城市形态研究与城市结构研究是研究同一问题的两个不同出发点，即一个从表层入手研究，由表及里；另一个从深层入手研究，由内而外。两者的最终目的都是为了揭示城市发展的客观规律，提高人类控制城市发展的主动性及能力。由于城市结构与城市形态之间具有这样的密切性，故我们可把这两个概念合而为一，将其称为城市结构形态，其中，更强调了结构的含义。

（五）城市结构与城市系统

我们知道，城市是一个大系统，探讨城市结构问题不能不考虑城市结构与城市系统之间的内在关系。由于结构与系统在内涵上有相似之处，所以这两者常被人们所混用。严格地讲，这两者之间具有本质的差别：城市系统是指城市相互作用的诸要素所构成的有机体。与城市结构不同，城市系统强调的是城市要素之间的动态作用，在城市要素之间的能动关系中，城市要素与要素之间，城市要素与系统之间，城市系统与环境之间时刻都存在着物质、能量和信息的交流，这种交流维系着城市系统的正常运转，因此说，城市系统的平衡与稳定是动态的平衡与稳定。而城市结构本身则不具能动的属性，城市结构仅指城市要素之间的关系定式，即要素之间的静态关系。至于城市结构的转换与变异，则是依附于城市系统的能动体来实现的。这种“静”与“动”的差别是城市结构与系统之间存在的根本差别。另外在整体性方面，城市系统和整体性是以城市功能过程为评价标准的，即城市功能的异常或丧失意味着城市系统整体性的崩溃或解体；而城市结构的整体性，实际是指城市构成要素之间的相关性，这种相关性是始终存在的。

在共性方面，城市结构与城市系统都具有分层特点。以系统为例，可以认为任何一个系统都是更高一级系统的子系统，同时又是较低一级子系统的大系统，对城市来说，城市系统既可视为城市群中的子系统，同时又可看作城市内部社会、经济、文化等子系统的大系统。这种分层性对城市结构亦是如此，即城市整体结构是由城市的经济结构、人口结构、交通结构、空间结构等诸多次结构共同建构而成的。

城市结构与城市系统的内在关系，实质上是一种从属关系，即城市系统包含了城市结构。在城市系统中与城市结构相对应的是城市功能[⑦]。有人认为，城市系统内部各要素的联系方式或排列秩序称为城市的结构，而城市系统与外部环境相互的作用过程和能力则称为城市的功能。城市的系统、结构与功能三者的关系在于它们之间相关的协调性。也就是：当城市结构完全满足于城市系统的必要功能时，便可认为这个城市系统在这种城市结构中处于一种均衡状态；而当城市结构不能完全满足于城市系统的功能时，在城市系统中就会出现改变城市结构的力量。所以，城市结构与城市系统的关系主要取决于城市系统中城市结构与功能的关系。

（六）城市结构与城市功能

城市结构与城市功能是城市系统中一对相互依存的概念。它们之间的相关性主要表现为：任何一个城市结构都有一定的属性和功能，而任何一种城市功能都是城市内部结构的某种体现。世界上不存在只表现出一定属性和功能而没有内部结构的城市，同样也不存在只有城市结构而不表现一定属性和功能的城市（对有生命的城市而言）。但必须强调，城市结构与功能之间并不是一种简单的相关，其关系是复杂的。一般来说，城市构成要素不同（相对于两个城市），城市功能也不相同；若构成要素相同，而城市结构关系发生变化，则城市功能亦随之发生变化。但在某种条件下也会出现这种情况：即城市的构成要素与结构关系不同，却可能获得某种相同的城市功能，如城市的陆地交通、水上交通与航空交通都可视为城市结构的不同要素，但它们的运输功能却是一致的。另一种情况是：同一城市结构，有时并不只具有一种功能，而可能兼有更多其他功能。比如城市的供电、供水设施（可视为一种城市结构），既有保障城市生活消费的功能，又有支持城市生产、保障城市消防等多方面的功能。尽管城市结构与城市功能之间存在着某种捉摸不定的微妙关系，但它们之间的相关变化是客观存在的。

可是在这种相关变化中，是城市结构决定城市功能，还是城市功能决定城市结构？这是任何一个深入思考城市结构与功能关系的人都会提出的问题。城市功能是满足系统需要的任何一部分的活动，而从事这些活动的部分都具有一定的结构，因为这些结构能够满足城市系统的需要。在这种意义上，城市结构决定城市功能是正确的。另一方面，如果城市系统在某种因素的刺激下，城市功能发生了变化，城市原有结构对维持城市系统缺乏充分的效用时，城市系统中就会出现紧张和困难，这种紧张和困难只有当一个新的城市结构被建立起来，达到一种新的均衡时，才能得到解决。如果均衡的过程因原有结构的僵化而受到阻碍，城市系统中的紧张和困难将会进一步加剧。这样一种加剧除非改变原结构才能得到改变，如果结构的变迁继续受到阻碍，城市积累起来的紧张和困难就会膨胀到旧的结构再也不能承受它们压力的程度，于是旧城市的结构就会在这种压力过程中被加速转化或被彻底摧毁。有人称这种压力为“功能压力”[⑧]（functional pressure），即在原有结构对新功能不适应的条件下，功能对结构产生的一种压力。从这种意义上讲，又可认为是城市功能决定了城市结构。以实行对外开放政策的沿海城市为例：当这类城市的生产与消费从封闭式走向外向型时，其城市功能必然随之发生改变（如可能成为国际性港运枢纽或商贸中心等），而这种变化对旧的城市结构来说则形成一种“功能压力”，城市结构因此而被改造，向新型结构转化，以适应外向型城市功能的需要。这种结构性的改造与转化可通过开辟对外港口，增加城市能源动力，开发新城区，改善投资环境等方面来实现。

可以得出这样的结论：城市结构与城市功能之间存在的是一种互动关系。当城市功能压力弱到不足以改变城市结构时，城市结构就起着约束限制城市功能的决定作用；而当城市功能压力增强到一定程度，为适应新功能的正常运行，城市结构的转换就会必然发生。

（七）城市结构的基本特征

城市结构的转换并不是轻而易举的过程，城市结构在功能压力的作用下会表现出一种很大的惰性。即当城市系统的部分功能发生改变或城市增添新的内容时，城市的结构关系并不一定立刻随之而变，而是以其旧的结构形式承受并包容所发生的一切。城市结构的这种对城市功能变化的容忍性能被称为城市结构的弹性特征（elasticity of city structure）。关于城市结构的这一特征，我们可以引借英国博物学家赫胥黎（T.H.Huxley）对生态结构作过的一个比喻。他说，地球上生命的增加，就像往一个大桶中放苹果。苹果满了，但桶还有空隙，还可以往里加石子，石子在苹果中间不会使苹果溢出来。石子加满了还可以加细砂，最后还要加入几加仑水。这个比喻对城市也十分恰当，赫氏讲的桶可视作城市结构，而石子、细砂和水假设为城市不断增加的新功能和新内容，当城市结构“装满苹果”后，它只在这一方面达到极限，但对“砂、石和水”却仍具有一定的包容能力。当然要想再往“桶”里装“苹果”，那就只得对“桶”进行结构性改造了。实际上，城市发展的过程是：城市结构一方面以其尚存的容忍力承受功能的变异和新增的内容，另一方面为增强其承受能力、扩大弹性范围而进行着结构性变更。若对一个已达到弹性极限的城市结构尚不进行必要的改造，“赫胥黎之桶”就会限制城市的膨胀，致使城市的发展速度放慢下来，或者发生另一种情况：城市结构在巨大的功能压力下被彻底摧毁，导致城市系统的大崩溃。但这种结局在城市发展史中是极少发生的。

在城市系统演化中，城市结构面对强大的功能压力可能会表现出三种状态：其一，在弹性范围内对各种变异接受与容忍；其二，对发展变化表现出很强的限制力；其三，发生结构变化，顺应新功能与新内容发展要求。值得指出的是，在这三种状态中，城市结构的转化，并非是在城市结构趋达弹性极限时才会发生，也不是达到弹性极限就必然发生结构性变化。对前一种情况而言，由于人类对城市发展的干预与操纵，城市结构会产生超前转化的现象；而对后一种情况来说，达到结构的弹性极限只可作为城市结构转化的必要条件，但这并不意味城市结构的转化已具备了充分条件。具体讲，这是一个关于城市的主动改造与被动改造的实际问题。

在研究城市结构弹性特征的基础上，有的学者提出了城市结构活性的概念⑨。这是一个较有启发性的新概念，但运用这一概念时必须把握其准确的涵义。实际上结构活性的意义并不是指城市结构本身具有的能动性，因为，结构是一种定式，是一个静态概念，其演变的动力不在于结构自身，而取决它所依附的城市系统。城市结构活性的真正涵义在于城市结构对其转换与蜕变所具有的可能性与适应性。城市结构从一种形式转换成另一种形式，有的十分容易，有的则比较困难（图 1-4），这就取决于前一结构向后一结构转化的适应程度，这也正是城市结构活性的根本意义。由于城市结构的活性是城市结构从一种形式向另一种形式的转换过程中所表现出的某种“能力”，因此说，城市结构的活性是相对的，即某一城市结构向A型结构转化时所表现出的活性较强，但向B型结构转化时可能因缺乏活性而受阻。

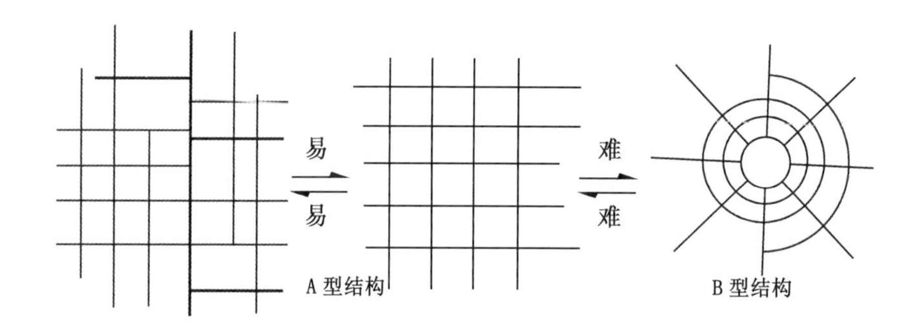

图 1-4　城市结构转化难易示意图

城市结构弹性与活性的特征，一个是表现在结构转化过程的前后，另一个则表现在结构转化的过程之中，这是城市结构弹性与活性的根本区别。

二、城市的同构与异构

城市中间结构形态的研究，从根本上讲是一种城市结构形态的比较研究（详见第二章），而同构与异构是城市结构形态比较研究中两个必不可少的基本概念。对城市同构与异构问题的理论探讨是研究城市中间结构形态过程中不可缺少的重要一环。

（一）哲学上的探讨

关于城市结构形态的异同问题，其实质则属哲学上的同一性（identity）问题。

对事物矛盾的同一性看法，哲学界存在许多观点，辩证的观点认为，事物的同一性是有条件的、相对的。同一性是包含着差异、对立的同一性，即同异双方是共存的，并在一定条件下可以相互转化。事物之间的差异不是排除任何“同一”的差异，事物间的同一也不是排斥任何“差异”的同一，“差异”和“同一”是事物相互依存的两个方面。

由上可以推论：任何两种城市结构无论它们之间是多么相同或有多大差异，城市结构的同一性与差异性总是存在的。绝对等同或相异的城市结构在客观世界中是不存在的。这种具有哲学性的结论并不妨碍人们判别城市结构的异同，反而加强了人们对城市同构、异构相对性的理解，它使人们明确认识到，判断城市结构的异同，主要取决于观察事物的角度和出发点。当有人称两座城市结构是同构或异构时，实际上这种判断省略了许多既定条件，其确切的涵义则是指两座城市结构在某些方面或某种程度上的等同或差异，毫无条件的同构或异构是没有的。

（二）城市同构与异构的量度

根据城市同构、异构的相对性，在比较城市结构过程中，如果仅仅是简单地判断它们的异同，这种比较和判断则会失去实际意义。因此，为避免对城市结构的探讨总停留在简单衡量出城市结构之间的差异度或等同度，对城市结构的比较研究才更有实际意义。

那么怎样确定城市结构之间的差异度或等同度？人们在比较城市结构异同时，常指的是某些方面相同或相似，某些方面不同或差异。即人们常将城市结构划分成若干方面进行比较。比如以甲城与乙城相比，它们可能在经济结构上是相似的，但在交通结构方面却可能存在很大差异。由此可见，衡量城市结构同异的具体步骤是：首先根据人们的某种要求，对衡量对象进行分解，然后根据约定俗成的定量标准，对结构的分解单元分类、分层进行具体比较，最后再综合各个部分比较的结果，得出城市结构之间整体上的差异度或等同度。

那么，如何分解城市的结构？分解城市结构是一种人为过程，它并不受固定程式的约束。研究者可以从不同的角度或按不同的需要把城市分解为不同的部分。有的分解很简单，只对城市结构的大关系进行比较，有的分解得十分细致，对城市结构进行深入的比较，也有的只在城市的某一层面或某一局部进行比较，对其余部分略而不讲。总之，比较城市结构，应完全以研究者观察问题、解决问题的角度来决定。

尽管人们对城市结构的分解角度各有不同，分解方法又无定式可言，但对城市结构的一般的分解、比较方法却是值得探讨的。从理论上讲，城市结构可以分解为构成要素的质、量、形（即关系形式）三个方面。但也有人认为，结构强调的是要素之间的构成形式，它与要素的性质无根本关系。其实这种认识混淆了结构与构型之间的涵义。严格地讲，城市结构并不等于城市构型，城市构型仅指城市要素之间的关系形式，并不考虑要素本身的特质，而城市结构却包括城市要素的特质、要素的数量及要素之间的构型，只有这三个方面才能构成城市结构的整体意义。因此，对城市结构的一般性比较必须从这三个方面进行。

在质的方面，城市要素有同质要素与异质要素之分，比如在分区结构方面，有的城市是以工业区、金融区、港口区等为主要构成要素，有的城市却是由行政区、文教区、旅游区为主要构成要素，尽管它们的分区结构在空间构型上可能相同，但由于它们所对应的分区要素不等，故判断这两城市的结构也不相同。城市要素的异同是决定城市结构异同的根本因素。当然，结构要素的异质程度是可变的，一般在要素数量与构型相等的条件下，对应要素异质的数目越多，整体结构性质的差异也就越大。因此，城市要素内容的异同，是衡量城市结构差异程度的第一因素。

在量的方面，当城市要素在同质、构型相似的条件下，城市要素数量的多少则决定着城市结构的异同程度。城市结构要素数量的增减同时也是影响城市结构复杂程度的重要因素。随着城市结构要素数量的增加，城市结构的复杂程度与构型的多样性会随之骤增。所以，城市规模越大，构成要素数目越多，城市结构相异的可能性也就越大。故城市要素数量方面的多少，是比较城市结构差异程度的第二因素。

在构型方面，从城市具形结构的角度讲，构型包括城市要素之间的形态关系、距离关系及向位关系。这些关系都是构型比较所要考虑的内容。

1. 形态关系（图 1-5）

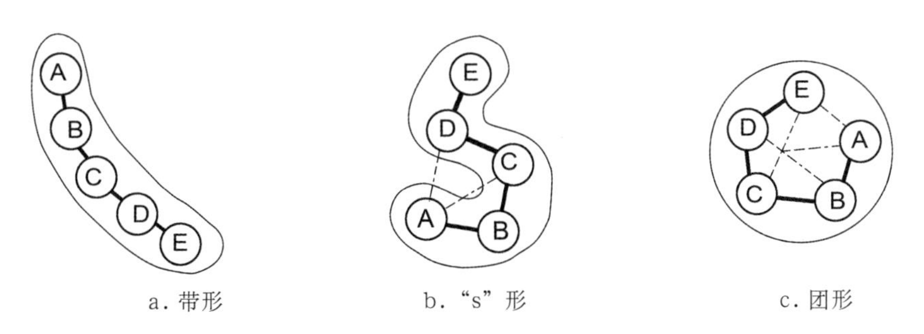

图 1-5 城市构型的形态关系（相同的结构关系，形态不同可导致结构异化的可能）

相同的城市结构要素可以构成不同的结构形态，比如带形城市、团形城市、星状城市都可能由商业中心、工业区、居住区等相同分区要素组成，但由于要素构成的形态不同，则会造成城市结构性质的差异。如带形城市与团形城市内部的交通结构不会一致，星状城市与带形城市在商业网点结构上亦有不同，等等。形态的差异是一种质的差异，它们之间的量化比较只有通过其他间接指标来实现。

2. 距离关系（图 1-6）

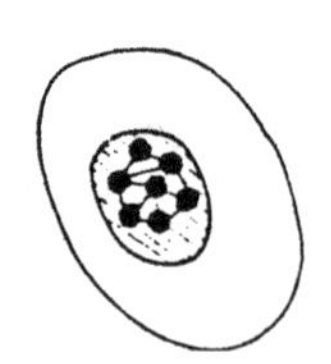
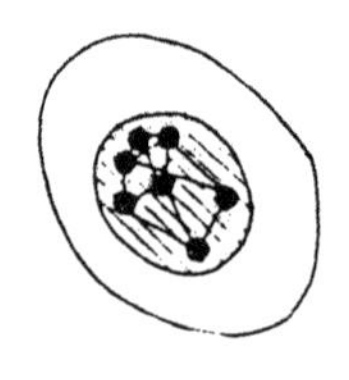
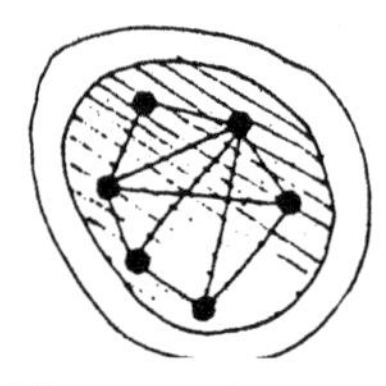

图 1-6　要素之间的距离是影响结构差异的又一因素

如图 1-6 所示，城市形态相似时，要素之间的距离越大，结构的差异就越大。例如，荷兰为避免大城市的恶性膨胀，采用了环状城市（ring city）的规划结构，即由大小城市组成的环状城镇群，周长为 170km，最宽地带约 50km，中间保留一块大的称为“绿心”的农业区，城镇间距离一般在 10—20km 之间。这种结构的主要特点是把一个大城市所具有的多种职能，分散到大、中、小城市，形成既相分开，又方便联系的有机整体，如海牙是中央政府所在地，阿姆斯特丹是首都，也是金融、文化、商业中心，鹿特丹是世界上吞吐量最大的港口，乌得勒支是国家的交通枢纽，也是全国性的社会活动中心等，这种城市布局被称为多中心开放式的城市结构。但假设将这种环状城市的城市群在空间距离上拉大或缩小（其他条件保持不变），使环状城市的半径加倍或减半，那么这种环状布局的功能关系必然会因此发生改变，即使形态关系基本相似，但由于要素距离的变化，亦会使环状城市结构失去本来的意义。

3. 向位关系

城市要素的向位改变时，尽管构型相似，但城市性质亦会随之发生改变。以城市分区结构为例，如果调换工业区、商业区、住宅区之间的位置，尽管其空间构型基本不变，但因与环境的对应关系发生了位移，居住区可能从上风向改到下风向，工业区可能从河道旁改在交通不便的地区等等（图1-7）。这表明，要素向位关系的改变实际上是城市客体与周围环境之间发生的结构性改变，因此也会影响城市的功能与性质。

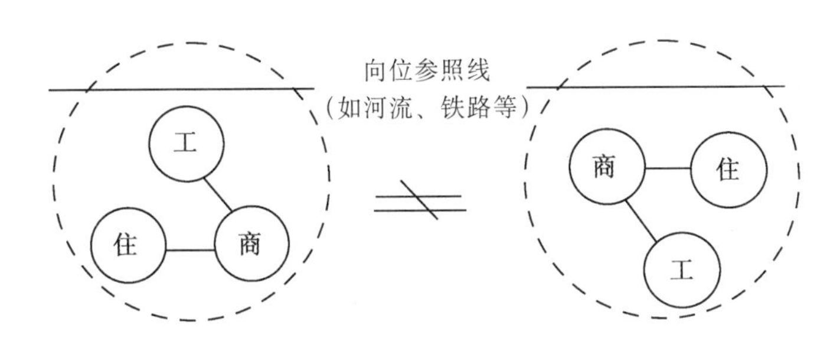

图 1-7 向位关系亦可影响城市结构的性质

综上所述，城市结构的比较与量度过程是：首先将结构分解成若干可以量化的方面，然后通过量化分析得出各个方面的比较结果，最后归纳各个方面的比较结果，得出城市结构整体的差异程度。

三、城市的建构与重构

城市的建构与重构是城市中间结构理论的另一对概念。从某种意义上讲，认识或分析一个城市，规划或设计一个城市，都可被视为城市建构或重构的一种过程。那么城市建构与重构的根本涵义是什么，它们之间有何区别，城市的建构与重构是怎样进行的？等等。这些问题对探讨城市中间结构理论无疑是有帮助的。

（一）认识论中的建构学说

建构（construction）一词有广义和狭义两种解释。狭义的解释来自于结构主义的建构学说。结构主义认为：结构并不为客观世界所固有，结构是人类心智的产物，是人脑的结构化潜能对混沌外界的一种整理和安排[10]。即结构是人对客观世界的认识与整理的结果。正是基于这种认识，而导出了结构主义认识论的建构学说。作为这种观念的批判与补充，皮亚杰对主客体相互作用的问题提出了人类认识双向建构的思想，即认识建构包含内化与外化（internalization and externalization）双向建构两种过程。内化建构是主体（人）外部的物质性动作协调转化为主体内部大脑的认识图式（cognition pattern），或者是对主体动作图式的再协调与再建构，从而形成更高级、更复杂的图式。只有把动作或动作图式按照新的方式在新的水平上组织起来，结构性活动才能内化为思维图式（图 1-8）；外化建构，则是主体头脑把事物的经验组织在图式中，形成有关客体的理性知识，并按照这些知识把主体活动组织起来以作用于客体，进而使客体组织起来，以新的方式发生相互作用，从而改造客体（图 1-9）。

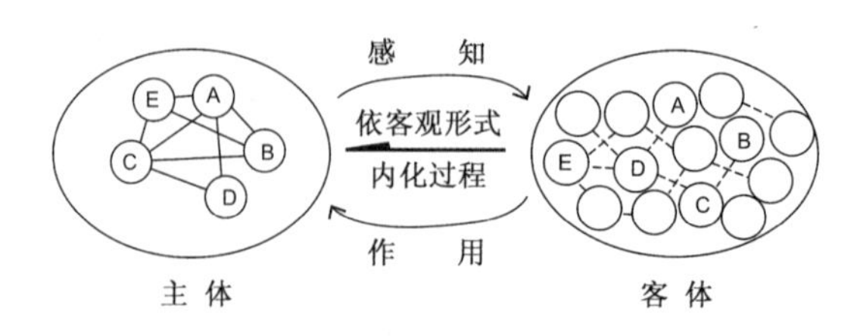

图 1-8　内化建构过程示意图

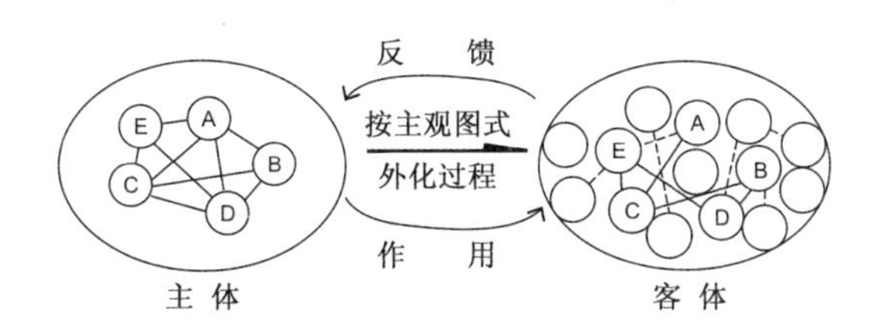

图 1-9 外化建构过程示意图

这里应当指出，内化建构与外化建构并不是对称的，实际上内化建构是外化建构的必要前提。在皮亚杰看来，内化建构之所以是外化建构的前提，就在于主体是主动的、能动的，而客体（相对于主体）是被动的。皮亚杰的论点对我们解释“建构”的涵义具有很大的启发性，它澄清了四点认识：其一，结构是客观存在的；其二，“客体首先只是通过主体的活动才被认识的，因此客体本身一定是被主体建构成的”，也就是说，只有通过主体的认识活动，才能在人的头脑中逐步建立起关于客体的知识结构，从这种意义上讲，客体是被主体“建构”成的；其三，客体的知识结构是通过主观活动逐步建构成的，而不是直观地被发现的，主体对客体知识结构的建构是一种逐步建构、逐步接近客体无限发展的过程；其四，关于客体的知识结构建构过程，就是逐步使认识达到客观性，使思维逐步适应现实的过程。总之，所谓主体建构客体，是以承认客体不依赖于主体而存在为前提，而且这种观点仅限于认识论范围之内。

（二）城市的主观建构与客观建构

城市建构有两种涵义，一种是城市的主观建构，一种是城市的客观建构。城市主观建构的涵义与认识论中对建构的解释是一致的。一般来说，观察分析的角度不同（A、B或C角度），对城市结构认识的结果也不相同（图1-10）。城市主观建构的具体过程为：首先确定城市结构的构成要素，如从城市的空间用地角度进行分析，可将城市分成居住区、工业区、商业区、文化区、园林区等单位，将每分区作为城市空间用地结构的构成要素。若从其他角度出发，可以把城市的社会、经济、文化等抽象的方面作为城市的构成要素，或者还可以深入到城市的次结构层面。首先从城市交通、生产、供电、供水等更多的角度确定城市每一层面的构成要素；其次是观察或确定这些构成要素之间的量的关系，如以城市道路结构为例，在确定城市道路是由主干道、次干道、林荫道、步行道、交通广场等要素构成之后，再确定有几条主干道、几条次干道，多少立交点等量的问题；最后是确立这些要素的构型关系，如是方格网构型，还是中心放射构型，等等。应当强调，城市主观建构并不是主体对城市客体的直接采纳，而是经过了人主观上的取舍和加工。根据内化建构的涵义，这种加工可以反复推演，不断提高，甚至达到某种升华而形成具有创意性的结构模式，许多有关城市结构方面的理论就是这样产生的。如果上述城市主观建构是城市建构的内化过程，那么人们对城市结构理论模式的运用则可被视为城市主观建构的外化过程。这种外化过程是人的主观能动性在行为上的具体表现，这与城市客观建构的涵义是完全不同的。

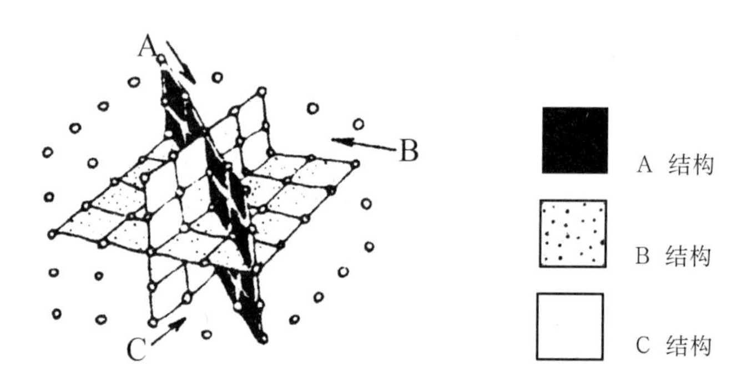

图 1–10　城市主观建构示意图

城市的客观建构是一种认识论范围之外的广义概念。虽然它与城市主观建构的外化过程存在某种联系，但从根本上讲，城市客观建构是指城市客体在城市功能压力的驱使及自然法则和规划管理的作用下，形成结构或发生结构性变异的客观过程。城市的客观建构并不强调城市建构是否属于自发性，而是强调城市客观建构具体形成和变化的过程和现象。

综上所述，从建构角度讲，对城市的分析和认识即是对城市的内化建构过程，而对城市的规划设计，则是对城市的外化建构过程，这两种建构都属于城市的主观建构；城市的客观建构则指城市结构的发生、发展与转化的现象和过程。

（三）城市的重构

所谓城市的重构，本质上也是一种城市建构，但在内涵上，城市重构比城市建构限定得更窄。确切地讲，城市重构主要是相对于城市原有结构而言的，即在基本保持原有结构要素与数量的基础上，将城市原有结构的要素进行重新组合，使它们之间的排列关系发生变化，产生新的构型，这一过程就是城市的重构。若用图式来表示，则 A 式相对于 B 式，C 式相对于 D 式都属于重构现象（图 1-11）。对具体的城市结构而言，假设城市主中心与次中心之间的分布关系可能有 a、b、c、d 四种分布形式(图 1-12)，那么四种分布形式即互为重构。城市重构含有很大的人为性，它经常反映在城市规划的过程中，城市规划基本结构的确立具有建构的含义，但在基本建构基础上的进一步修改和多方案比较，则多属重构过程。

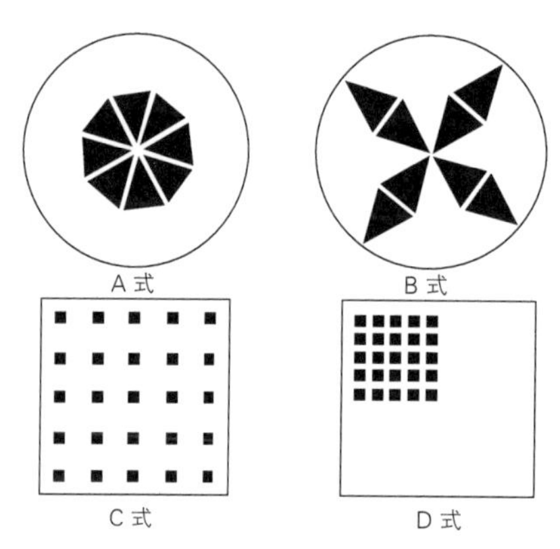

图 1–11　城市重构示意图

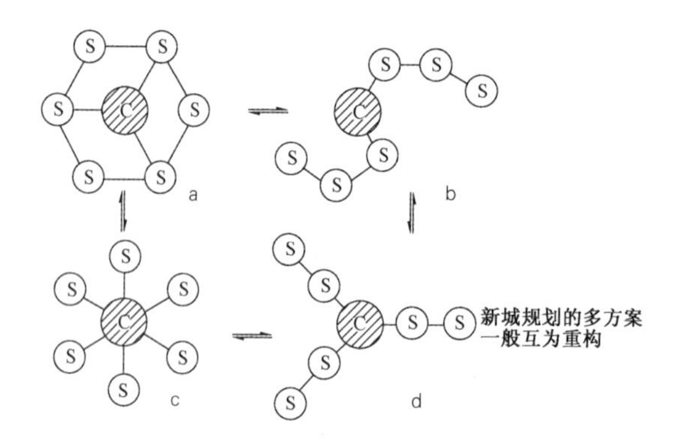

图 1–12　城市主中心与次中心分布的重构形式

在城市建设中，我们也经常遇到这种现象：一些工厂为了避免造成对周围环境的污染，寻求更大发展的可能，而将厂址从主城区内迁移到主城区的边缘或郊外重新建设；有的城市为了改善居住环境，在居住密度较大的地区拆出一片空地改作公园、绿地，拆迁房则被移居于其他地方，等等。这种种现象都是城市重构的具体表现。当然，城市是一个内容丰富、变化复杂的有机体，城市在建构过程中并不都是纯粹性重构，而是在城市结构的变异中增加新的构成要素，形成新旧要素共同建构的现象，但在新增的要素不多，作用不大的情况下，我们一般视城市的这种结构性变异为城市的重构现象。

综上所述，城市的建构与重构主要区别在于：城市建构具有初始与创意的涵义，如城市结构的从无到有，或城市结构扩展并增加的要素内容、构成新的结构关系等等，这种意义对城市的主观建构与客观建构都是相同的；城市重构则强调用原有要素构成新的结构形式，重构过程具有明显的二次性与相对性。在城市主观建构的深化过程中以及在城市客观建构的空间关系调整过程中皆体现出重构的意义。

四、城市的自构与被构

城市作为一种生态系统，其客观建构具有高度的自律性。城市系统朝有序方向发展的过程，就是不断同外界进行物质、能量、信息等交换的过程。在这种交换过程中，城市系统的结构与功能并非固定不变，而是在接受新物质、新能量与新信息的刺激下，发生着变异，城市结构进行着转化。城市系统不断地进行自我完善，即使在没有人为宏观干预的条件下，这一过程也会井然有序、自发地进行。正如蜜蜂建造它们的蜂巢，虽然没有总设计师进行全盘控制，但它们仍能建造成一簇簇完美的正六边形“居室”。从某种意义上讲，人类建造自己的城市也是如此，一些井然有序的城市环境并非都是在有目的、有计划的条件下建成的，城市的这种自发现象，即是城市系统的自组织和城市结构的自构现象。

（一）城市的自构

城市自构是在城市系统中个体（可以人、工厂、社会等为单位）活动的合力作用下实现的。从微观上看，城市个体的行为目的不同，行为方式也不同，对每一个体可能表现的行为很难预测，但由于大量个体组成的宏观性质却是可以分析认识的。个体的复杂性表现出的不同行为可以用随机变量来描述，整个城市系统的性质由随机变量的概率分布来决定。试以西方反城市化现象为例：广大富有阶层者为了躲避闹市中心的喧哗，而逆城市化发展方向迁往城郊居住，从而一度造成城市中心衰萎现象的产生。这一结论（即富人在交通日益发达的条件下向城郊迁移以求田园般宁静的生活）可能不符合个别富人的具体情况，但在整体上却可以很好地反映出反城市化发展的特点。个别人的差异并不能影响整体趋势的性质。因此研究城市结构的演化时，注意力不应集中在个体有目的的活动上，而应集中在它们合力产生的作用上，这种合力就是城市的自构的痕迹。如在反城市化开始之前，特别是城市工业化之前，城市居住者的特点是由中心向外，居住越远者，社会地位越低下，这是因为越靠近城市中心，生活条件就越便利，其地价也就越高，所以富有的人就有能力取得靠近城市中心的地位，这种现象被人们称为社会生态现象，实际上也正是城市的自构现象。虽然工业化前城市居住的这种分布特征有时得到人为的强化（即从客观上作规划性加强），但总的看，这种分布即属城市自构的结果（图 1-13）。

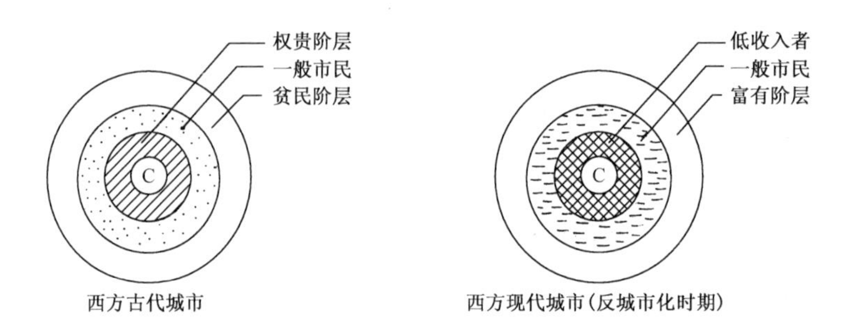

图 1-13　不同时代城市的自构形式

再比如，城市中每一个体的存在都有自己特殊的建构要求，以城市工业建构的区位为例，它在区位选择上就有三个特点：其一，不断向市区外缘移动；其二，具有自动集结成团的倾向；其三，寻求交通方便的低平地带，等等。实际上，任何种类分区都有各自的特殊要求，如果在没有人为计划的条件下任其发展，它们经过自发性的发生、碰撞与自我修正会形成有一定合理性的自构形式。城市纯粹的自构发展几乎是不存在的，而总的趋势是：人对城市的宏观干预不是在减弱，而是在加强。

（二）城市的被构

城市的被构是相对城市自构而言的。城市纯粹性自构发展只能作为一种假设而存在，人类对城市发展的宏观干预几乎是伴随城市一起产生的。人类社会是一种有很强的集体意识和组织的社会，这是由人类社会希求更好的生存、自卫与发展的本能所决定。因此，人类的集体活动具有积极主动和目的性两大特性。在城市社会的发展中也是如此。城市虽然具有自发建构的能力，但城市的统治者和管理者不满足于自发性发展，他们总凭借着统治权力按照自己的理想或愿望来控制城市发展的方向和速度，人为地组织建构城市环境，在这种情况下，城市的发展不完全取决于城市内在的自发力，而是在人为干预力的作用下进行的，城市的这种建构就称为城市的被动建构，简称被构。

城市被构有两种基本方式，一种是城市规划管理者利用城市建设法规来控制城市的开发建设，如对城市道路红线、建筑间距、建筑高度、局部建筑用地比率等方面的规定，这种具有普遍意义的规定是人为建构城市的规则；另一种是城市规划管理者从整体角度对城市结构的直接规划与具体规定和控制，如路网形式的设计、分区关系配置、人口规模的控制，等等，这些规定和控制表现出的是一种特殊性。

（三）城市自构与被构的关系

城市的自构与被构是城市建构的两种形式，它们分别为城市的自发力与人为干预力所驱动。城市自构与被构的关系是比较复杂的，当它们的建构方向一致时，城市的发展速度就会取得最佳的状态。但在城市现实发展中，城市自构与被构的方向往往并不一致，有时甚至相反。城市的人为性建构对城市自构所起的作用有三种：一是强化城市自构的发展方向，加速城市的发展；二是阻碍或延缓城市自构过程；三是修正城市的自构方向。至于哪一种作用更符合人类的整体利益，这完全取决于城市统治与管理者的价值观念。城市自构并没有明确的目的性，其发展指向只是一种自然取向，而城市的被构却与人的价值观念与主观取向有关，不同的管理者建构的城市不可能完全相同。正是由于城市被构具有人为性特点，故人为建构的城市发展有着明确的方向性、目的性与阶段性。

注释

① [瑞士] 皮亚杰．结构主义 [M]．倪连生，王琳译．北京：商务印书馆，1986.

② [英] 汤姆逊．城市布局与交通规划 [M]．倪文彦，陶吴馨译．北京：中国建筑工业出版社，1987.

③ 齐康．城市的形态 [J]．南京工学院学报，1982（3）.

④ 齐康．城市的形态 [J]．南京工学院学报，1982（3）.

⑤ [英] 麦克劳林．系统方法在城市和区域规划中的应用 [M]．王凤武译．北京：中国建筑工业出版社，1988.

⑥ [德] 菲尔斯滕贝格．德意志联邦共和国社会结构 [M]．黄传杰译．上海：上海译文出版社，1987.

⑦ 罗长海，等．结构与功能范畴初析 [J]．华东师范大学学报，1983（5）.

⑧ [日] 富永建一．社会关系的增长、发展及结构变迁 [J]．国外社会科学，1988（7）.

⑨ 朱锡金．城市结构的活性 [J]．城市规划汇刊，1987（5）.

⑩ 徐崇温．结构主义与后结构主义 [M]．沈阳：辽宁人民出版社，1986.

第二章 城市中间结构形态理论分析

城市中间结构形态不是一个孤立的概念，其“中间”涵义决定了它与其他概念不可分割，即城市中间结构形态是以城市自发结构与规划结构形态来支持的。为说明这一点，须从阐明城市中间形态的确切涵义与基本特性入手。

一、城市中间结构形态的定义及特征

在第一章中曾强调指出，概念的意义并不在于概念形式本身，而在于建立的概念能否在相关的概念群中成为完整体系的逻辑部分或能否解决一定问题。由于概念的确定具有一定的人为性，所以，了解概念定义的基础与过程则显得更为重要，它会帮助认识概念所表示的真正涵义。故在给城市中间结构形态下定义之前，有必要先讨论一个前提性问题。

（一）一个需要讨论的前提性问题

城市是什么？城市是一个庞大机器还是一种特殊的生物？这是一个需

要讨论的前提性问题。

“城市是一个生态系统[①],城市具有与其他高级生物同样的生命特征”,可以说，这种新的城市观念已为人们广泛接受。实际上人们研究城市生态学问题已有五十多年的历史[②]，除因城市具有像高级生物一样的生命系统外（如城市政府组织可看作动物的大脑中枢，城市的通信、邮电可看作动物的神经系统，城市的交通、上下水管网可看作动物的循环系统等），人们还认识到城市具有从类似胚胎的村落逐渐生长为“壮年”都市的生态过程。从这种角度讲，城市的生态性是不可否认的。但是，反过来可以提出这样一个问题：既然城市是一种生命体，那么人类能否像制造机器一样创造出具有生命力的城市？现实的回答是：人类有能力创造具有生命力的城市。美国首都华盛顿、巴西新都巴西利亚等著名城市都是人类在一片空地上创造出的杰作。这类城市并没经过一个完整的生命发展过程，而是按人类的意愿设计造就的。从这种意义上讲，把城市视作庞大的机器也并不为错。然而把城市既视为机器又视为生物的看法明显违背逻辑，但笔者认为问题并不在此，不管把城市比作生物还是比作机器，这些无非都是比喻而已。准确地说，比喻不等于等同，城市本身具有的特殊性质并不能完全被某些生动的比喻所概括。

那么，为什么有的人把城市喻为生物体，又有人将城市喻为复杂的机器呢？这不仅是因为城市在某些方面具有生态性，而另一些方面又具有机械性外，关键在于两者观察事物与研究事物的方法存在根本差别。“城市生态论”者是从动态系统的角度来认识城市，而“城市机器论”者则是从静态结构的角度来看待城市，两者是站在两个不同层面探讨问题的。明确了这一点，对最初问题的争论也就自然化解了。但从解答上述问题的过程中，我们进一步认识到城市产生、发展具有的两种基本形式：即一种是按城市的生态规律自发地形成和发展（即自构发展），另一种是通过人类的创造形成和发展起来（即被构发展），而它们各自又会因此表现出不同程度的生态性和机械性。

（二）城市中间结构形态的定义

自发型城市结构形态与人为型城市结构形态在城市演变的历史长河中，并不能永远保持其固有的自构性或人为性。尤其是对现代城市而言，纯粹的自发型城市结构形态与纯粹的规划型城市结构形态几乎是不存在的。关于这一点，从理论上讲，起码有以下两个基本理由：其一，人类之所以有别于其他类动物，其最大特点即在于他们具有完善自我、完善周围环境的主观能动性。而城市作为人类聚居活动的主要场所，其发展必然会受到人为意志的宏观干预。对自构型城市而言，当其结构形态满足不了居住者的需要时，人们就会对原有的城市结构形态进行人为的改造，纯粹的自构型结构形态也就失去了本来的特征和意义。其二，对人为建构的城市来说，由于城市是一种开放性的生态系统，应当讲人造城市只是建构了城市的基本框架，在其后的发展演变过程中人为建构的城市同样充满着随机性。无论规划者具有多么非凡的预见力，意料之外的事总是不可避免的。正如普利高津（I.Prigogine）认为的那样，历史的发展总会不断出现新的情况和问题，总有新的东西在前头，未来并不完全包括在过去之中，因此，从原则上讲绝对的预言是不可能的[③]。美国著名建筑师沙里宁（E.Sarinen）亦认为：我们虽然知道今天正在发生的事情，但无法精确地预见明天将发生什么样的反应，这就使大部分的规划工作，带有直觉的试探性质[④]。所以规划者要想绝对控制城市结构形态，绝对控制其未来的发展方向，则根本是不可能的。仅以人造城典型案例华盛顿和巴西利亚为例，华盛顿城市建设亦出现过规划失控现象，如在城建过程中就出现过“在国府与白宫之间建筑了一所国库，破坏了兰封（即 Lenfant）的设计，自这一所国库建成之后，国府与白宫之间的视线顿被隔断，大损美观……”[5]；又如在巴西利亚的规划建设中，原计划促进周围农业的发展，防止贫富分化，防止农民盲目流入市区，试图将巴西利亚始终保持在一定的规模上，使其“完美”的城市形态免受冲击，然而客观的发展并不符合规划预期的要求，其“完美”表层之下潜伏着问题[6]。

纯粹自发的城市结构形态终会经过人类的宏观干预而逐渐显现出人为建构的痕迹，而纯粹规划的城市结构形态在发展中也会被人们意料之外或不为所控的外力所“扭曲”。因此说，现实世界所展示给我们的城市很少具有纯自发型或纯规划型的城市结构形态，现代城市的结构形态大都是介于纯自发与纯规划之间的一种结构形态，这种城市结构形态是在城市的人为力 （主观性的）与自发力（客观性的）共同作用下形成的，即在城市自构和被构交互作用中形成，我们把这种城市结构形态称为城市中间结构形态。之所以用中间结构形态而不用混合结构形态，原因即在于混合结构形态会给人以规划型结构形态与自发型结构形态叠合、交错的感觉，但这与上述定义的性质是有所区别的，城市中间结构形态并不只意味着自发与规划结构形态的交错与叠合，其更主要的意义在于城市自构与被构交互作用下形成的一种介于纯自发与纯规划之间的一种城市结构形态。其涵义在概念上要比混合结构形态具有更大的宽泛性。

（三）城市中间结构形态的特性

众所周知，城市作为一种开放性的生态系统，自构是城市的一种本能。无论在什么条件下，城市的自构现象都是存在的，而城市的人为建构则是城市发展的高级形式。人类文明程度越发达，或者人对宏观环境的改造越积极主动，城市以高级形式发展的表现也就越突出。这表明，城市可以在无规划的条件下自发的形成和发展，但不可能因规划建构的引入而完全排除城市的自构过程。从这种意义上讲，城市中间结构形态主要是相对城市规划结构形态而言的，没有规划建构，也就无从谈起城市中间结构形态。所以探讨城市中间结构形态问题，实质上就是研究城市规划与城市发展现实之间的关系问题。

我们认为可以从以下三个方面进一步理解城市中间结构形态之涵义。其一，在相当长的时期里，城市可能经历若干次规划建设和缺乏规划发展的非常时期，其中每一阶段城市客观建构的方式和结果都不可能相同。但对同一城市而言，其客观建构却是一个前后沿承的过程。如果纵向地看，城市中间结构形态即是不同时期规划建构与自发建构不断叠加的结构形态，正如考查一座城市现状时，我们可以发现城市不同时期建构形成的不同的结构形态，其中有的形态整齐，表现出明显的规划特征，有的却零乱不整。这种有规划的和无规划的、远近新旧结构形态的历史积淀，共同构成了城市中间结构形态的基本特征。其二，对缺乏历史发展的新城来讲，则可以从另一方面来理解城市中间结构特征涵义，正像一开始我们反复声明的那样，在城市规划的编制过程中，不管规划得多么深入细致，规划依据又是多么有力可靠，城市发展的随机性总会存在，城市规划意图在贯彻过程中总会被一些预想不到的偶然因素所干扰，城市发展的规划作用与反规划作用始终贯穿于城市建设进程之中，因此，对规划建构的城市来说，城市建构的结果仍然表现有中间结构形态的基本特点。其三，退一步讲，假如在一定时期内，城市规划的具体目标与内容得到了彻底的实现，那么城市中间结构形态的意义仍然存在。我们知道，城市结构是由许多次结构

（如交通结构、人口结构、经济结构等）整合而成的，而城市结构的分层是无限的，一般人们只能对那些已经认识到或认为重要的部分进行规划建构，其他部分在未被干预的状况下仍进行自构性发展，因此根据城市结构形态的整合意义，城市现状自然掺和的是有规划建构与无规划建构的各个部分，从结构形态的角度讲，这种掺和体即反映了城市中间结构的基本特征。

二、城市中间结构形态相关的结构形态

与城市中间结构形态最密切相关的是城市规划结构形态，从某种意义上讲，后者决定了前者存在的意义。而在城市规划结构的层面之上，还存在着规划结构形态模式，这种模式的具体形式可称为城市的模式结构形态。可以说，与城市中间结构形态相关的结构形态主要包括城市的模式结构形态、规划及自发结构形态。

（一）城市模式结构形态

城市模式结构形态是城市结构形态简约、抽象或理想的具有普遍意义的高级形式，它可以具体地表现在图面上，也可以隐含于建构思想的表述中。城市模式结构形态的产生是人类运用归纳和演绎方法或凭直觉对城市结构形态进行理性认识或主观创意所取得的结果。更确切地讲，城市模式结构形态的建构方式主要有：一是通过对城市客观结构形态提炼与概括来实现；二是对城市结构形态的内化重构与创意来完成。事实上，模式结构形态的建构往往是由这两种方式结合进行的。当然，由于建构目的上的差异，其建构方式的偏重会有所不同。但无论偏重于哪种方式，城市模式结构形态都必须以充分的假设条件为建构基础，没有充分的假设，城市模式结构形态的建立就会失去前提依据。一般认为，简约、抽象及理想的本质

意义即在于强调事物的主要因素，不计次要因素，从而得出事物的理想形式。这也说明简约、抽象及理想的过程即是一种假设的过程。同样，城市模式结构形态通常是以几个主要的限定或假设条件为建构依据，所得出的理想结果与现实之间总存在较大的距离。尽管如此，城市模式结构形态并不因此而失去其建构的意义，与其相反，它不仅可以帮助人们更好地认识和掌握城市结构形态的基本特征，而且对城市的发展也具有一定的参照价值和积极的引导作用。所以从古到今人类都一直不懈地追求理想之城，探求各式各样的城市模式，可以说这种对理想城市模式的探求过程也是城市文明发展的重要组成部分。

回顾历史，古代中国的王城规制、罗马古城理想模型、文艺复兴时期的理想城堡、印度宗教式的城市模型等，都是古代城市结构形态的理想模式。古代城市模式结构形式虽然在客观上反映了当时的社会、政治、经济、文化等制度背景，但它们主要产生于人的主观创意和想象，是由古人的理想愿望建构而成。

当历史跨入现代门槛之后，城市模式结构形态的建构方式出现了两大分支，一支是受现代科学发展的影响，人们（主要以社会学、经济学、地理学等学科为主）在建立城市模式结构形态过程中，开始表现得审慎和理性，他们每当提出一种假说或模式，都要以实际调查为基础，即通过归纳大量的实例支持他们的学说，如 1924 年美国人文生态学家伯吉斯（E.W.Burgess）提出同心圆城市模式就是在研究芝加哥社会问题时发现这种分区事实的（图 2-1）；1939 年芝加哥学派另一成员霍伊特（H.Hoyt）在分析美国 142 个城市的基础上，又提出城市扇形模式的理论（图 2-2），霍伊特也是以芝加哥为主要研究对象，得出的结论却与伯吉斯的有所不同。

1945年芝加哥大学地理学家哈里斯（C.D.Harris）和乌尔曼（Ullman）认为同心圆和扇形理论虽都有道理，但多数城市结构复杂，还必须以更精确的模式来概括它，于是，他们根据广泛的调查又提出了多核心城市模式理论（图2-3）。除此之外，在研究城市模式方面影响较大的还有中心地学说（central place theory）。这一学说是由德国城市地理学家克利斯泰勒（W.Christaller）于1933年提出，他是在研究南德城市地区聚落相对位置的基础上的提出这一理论的（图2-4）。虽然该学说产生于地域聚落群问题的研究，但从60年代起，中心地理论被引用于对城市内部结构形态的分析之中，因此又形成一种“中心地”城市模式[⑦]。我国规划工作者在研究城市问题时，亦对这种理论进行了应用。

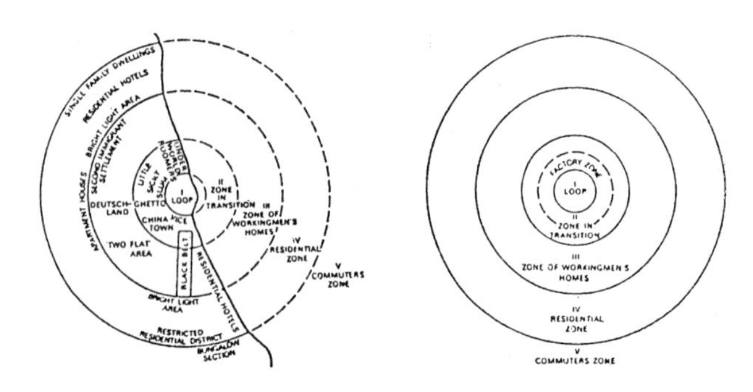

图2-1　伯吉斯在研究芝加哥城的基础上提出的同心圆城市模式

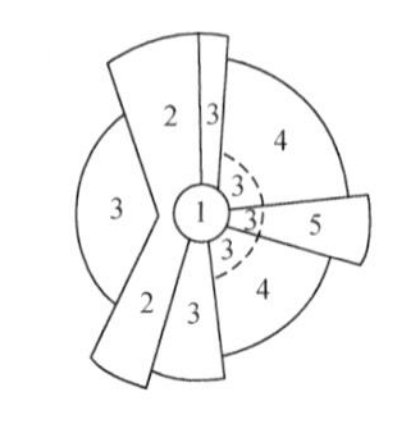

1. 中心商业区CBD　4. 中级住宅区
2. 批发轻工业　5. 高级住宅区
3. 低级住宅区

图2-2　霍伊特在研究142个城市的基础上提出的扇形城市模式

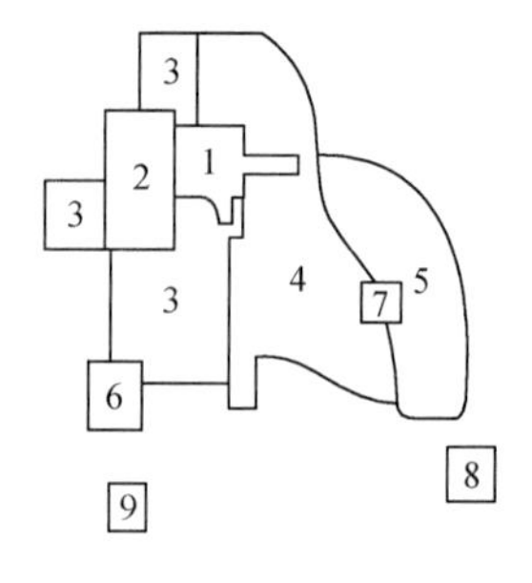

图2-3　哈利斯和奥曼建构的复核心模式

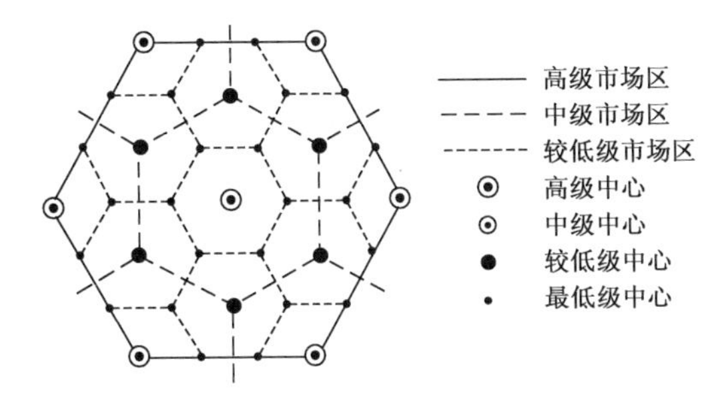

图 2-4 W.Christaller 提出的中心地理论模式

另一支是在近代工业革命兴起之后，作为工业革命中心——城市，因急剧膨胀而导致城内环境的恶化。为摆脱城市面临的种种困境，一部分人（以城市设计师、建筑师等为主）提出了一些理想的城市模式，试图借此促进改善日益恶化的城市环境。其建构过程既有理性的分析，同时更渗透着建构者的强烈的主观愿望。他们建构形形色色的城市模式在近一个世纪来广泛地影响着各国城市规划建设的实践活动。其中较有代表性的城市规划模式有霍华德（E.Howard）“花园城”（garden city），索里亚·马塔（S.Y.Mata）的“带形城”，赖特（F.L.Wright）的“广亩城”（broadacre city）以及由勒·柯布西埃（L.Corbusier）建构的与分散主义[8]城市模式完全相反的“阳光城”（radiant city），等等。

除有将城市作为整体单元建构的理想模式之外，还有把城市部分单元作为建构对象，提出各种局部性建构模式，如佩里（C.Perry）的“邻里单位”（neighborhood unit）、屈普（H.A.Tripp）的“划区模式”、施泰因（C.Stein）的“尽端路模式”（cul-de-sac principle），等等。关于上述建构的理想模式，并不只是停留在理论探讨阶段，为了验证或实现他们的理想，这些理想模式几乎都被进行过尝试性的实践。当今建构理想城市模式的尝试仍在继续，特别是一些富有非凡想象力的建筑师更是热衷于构想未来城市之形象，但他们的建构方式借助于预想与直觉建构，重点倾向于未来城市的表面形式。

在人们的一般概念中，“简约”与“抽象”几乎成为“模式”的代名词，这是因为“模式”常以简约抽象的形式存在。但应当强调，“模式”不等于“简式”，任何一个城市经过简化都可以得到它的简式，但并不具“模式”的广泛性；建筑师构想的未来城市并非简约，但由于它的一般性意义也可视之为未来城市发展的某种模式。所以城市模式结构形态的特点关键在于它的普遍性。

城市模式结构形态是通过人的内化建构与外化建构而形成的。无论是作为认识的客体——城市，还是作为认识的主体——人，都是以一定的社会环境作为存在背景。因此，这就决定了城市模式结构形态适应范围的相对局限性。对城市结构形态客观概括的模式是这样，对城市结构形态主观构想的模式也是如此。但不同模式在时空上的适应范围有大有小，如花园城的理论与模式至今还对某些地区的规划实践有所影响，而“广亩城”的理论与模式在发展史上几乎未起多大作用（图 2-5）。

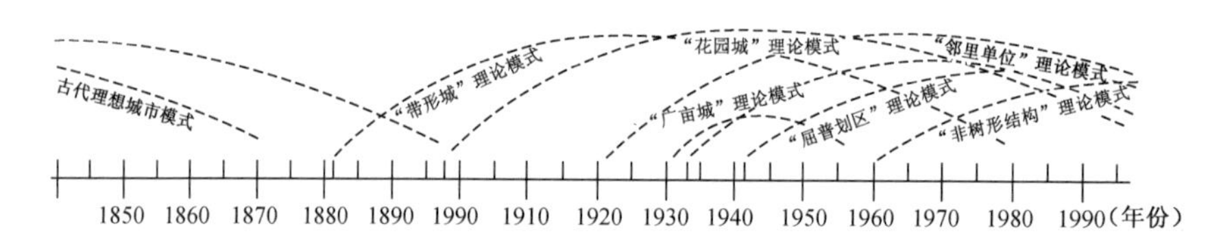

图 2-5　不同的城市模式对时间适应范围长短之分示意

（二）城市规划结构形态

城市规划结构形态是人类为营建新城或改造旧城而建构起的“方案性”结构形态，它主要以文本形式（text form）而存在。与模式结构形态相比较，城市规划结构形态一般具有三个基本特性：第一特性是城市规划结构形态的从一性。与模式结构形态不同，规划结构形态的建构目的是针对唯一具体城市而言，无论结构形态的变异形式有多少，终都归于一个城市。如果建构一个城市的规划结构形态适应于两个以上的城市，那么这种城市结构形态已不成其规划结构形态，而开始具有模式结构形态的基本特征。很显然，城市规划结构形态既可表现得很复杂，也可表现得很简单，但不管其形式有多么简约与抽象，如果它只能作为唯一城市的理想建构，那么都不应将其视为一种模式结构形态，关于这一点很容易为人们所混淆。

第二特性是规划结构形态的多构性。由于城市规划过程是人为建构的过程，故规划建构的目的与方式都会因时因地、因人因事而异，建构结果不可能完全一致或相同。在因人而异方面，17世纪60年代关于伦敦规划方案较有代表性，三个风格迥异的著名方案各出自John Evelyn，Christopher Wren和Valentine Knight三人之手（图2-6）。Evelyn方案的特点在于：设想用一条永久性绿带围绕伦敦，以吸收工厂排出的烟雾与毒气；而Wren提出的方案则试图将法国园林设计的技巧运用于伦

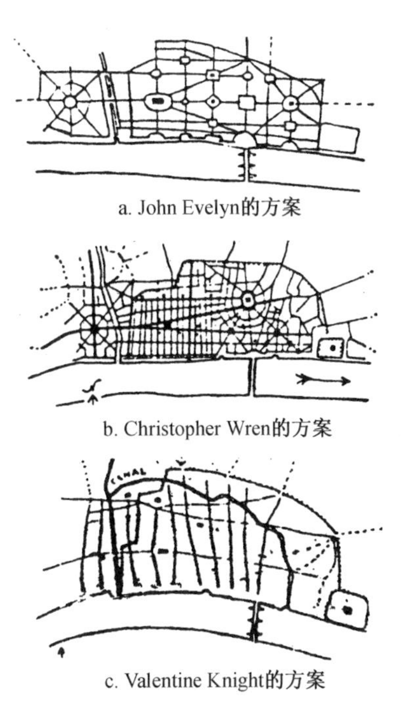

a. John Evelyn的方案

b. Christopher Wren的方案

c. Valentine Knight的方案

图2-6 伦敦规划方案比较

敦，因此，他用街道网把城市各主要目标都连接起来；Knight 方案缺少精心安排的艺术效果，但都采用了具有高度功能性的格栅形街道网[9]。这一事例表明城市规划结构形态因人而异所呈现的多构性。除此之外，对同一人而言，亦可因建构角度的改变而得出不同的建构形式，比如若以中心地理论作为建构思想，对某一具体城市框架就可能建构为如图 2-7a 表现的结构形式；如果从城市用地开发便利的角度出发，又可能建构成如图 2-7b 所示的结构形式；若再以城市交通合理布局的角度进行建构，还可能得出图 2-7c 展示的结构形式。当然我们还会从更多的建构角度构想出无数的规划结构形态。特别是对现代的大城市来讲，由于其可变因素要超过一亿之多[10]，城市规划建构的复杂性与多变性也就变得更大。这一切无论在主观上还是在客观上都决定了规划结构的多构性。

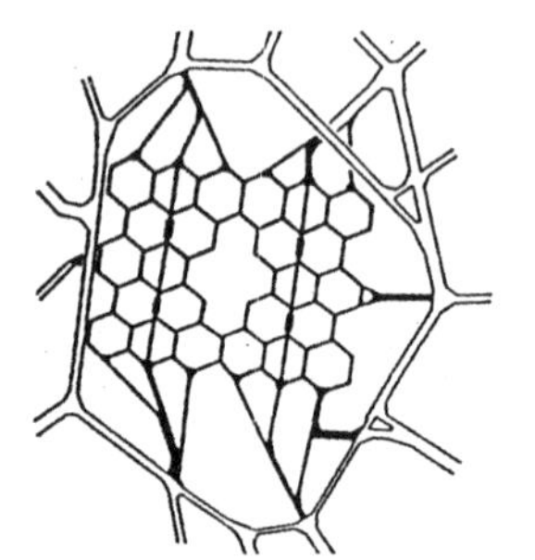

a. 以“中心地理论”为依据

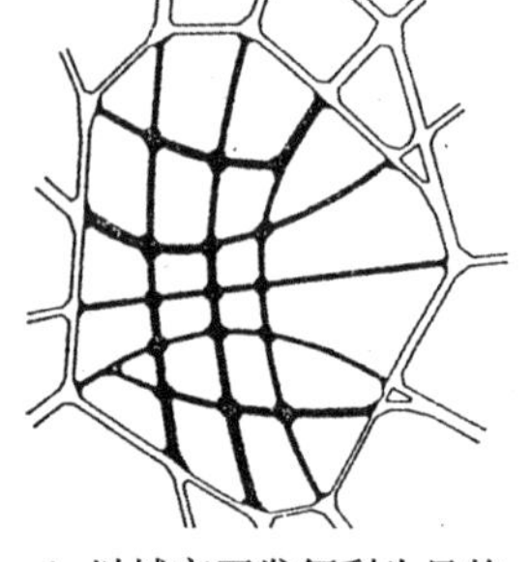

b. 以城市开发便利为目的

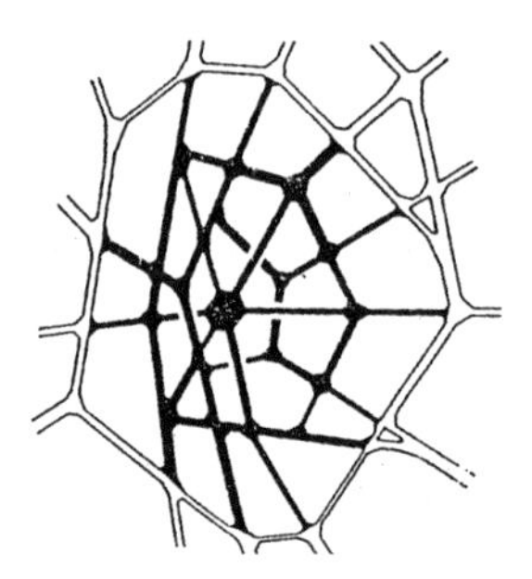

c. 从交通布局出发

图 2-7　规划建构角度的不同建构结果可多种多样

第三特性是规划结构形态的阶段性。一般来说，城市的规划建构都是具有明确的规划期限，如短期有一年、五年，长期有十五年、二十年甚至五十年不等。规划结构形态在时间上的适应范围即以这些规定为限。在这方面，规划结构形态与模式结构形态之间略有不同。尽管模式结构形态亦受时代的局限，但其时间性是模糊的，并无人为硬性规定；而规划结构形态是有明确时间期限的，即城市规划结构形态的阶段性又派生了规划结构形态沿承性的特点。除全新城市的规划建构外，城市在每一阶段进行的规划重构，都是基于前一阶段结构形态基础上的，如果完全摆脱城市发展的历史沿革，摆脱城市原有的基本框架，在一般情况下几乎是不可能的。因此，城市规划结构形态发展的每一阶段其前后都具有一定的沿承性。

另一点值得注意的是：城市规划结构形态与被规划干预的城市规划管理者完全是两个概念。城市规划结构形态是城市规划管理者为达到某种目的而建构的理想形式；被规划的城市结构形态，则指城市的客观发展经过人为规划管理之后所展现的结构形态，这种结构形态并不一定与规划结构形态相吻合。实际上城市规划结构形态只是人类控制城市客观建构的蓝图或依据，而被规划的城市结构形态则是城市经过规划干预后的客观状态和结果。

（三）城市自发结构形态

城市自发结构形态是指在排除人的宏观干预的条件下，城市自构而成的结构形态。一般来说，城市纯粹的自发结构形态只是作为一种理念存在的。在现实世界中，城市自发结构形态像“影子”一样附着于城市客体结构形态的每一层面上，可以说它与“变形的”规划结构形态总是形影不离。

城市自发结构形态的演变具有两种基本特征：其一是自发结构形态建构的随机性。城市自发结构形态的建构过程不像规划建构那样具有明确的指向和预定的轨迹，它的发展是随机的、无定形的。一场突如其来的自然灾害、一场残酷的战争等随机因素，都可能吞噬或摧毁正常发展着的城市，如古希腊的克诺索斯与古罗马的庞贝城即被海啸与火山喷发所毁，古叙利亚的塔德木尔与中国殷商故都等城皆被战争所灭。又如水尽粮绝逼走楼兰人，商路改道亦使佩特拉城人走城空[11]。再从积极的方面看，国都的迁徙，界域的重划，一笔巨额投资，一项条约的签订又都可能促使一些村落、小镇发达起来，逐渐形成名都大城。以上事例都是城市发展随机性的极端表现，更多的情况下随机性主要反映在城市正常的建构过程中。由于城市自发建构是随机的，故城市结构形态一般体现的是非几何化或非规整化的典型特征。

虽然城市自构是一种随机过程，但这并不意味城市自构缺乏内在组织性。实际上在自发结构形态表面无序的背后往往隐含着其内在自律性和有序性，我们从每一个自发型城市形态中几乎都可找到其潜在合理性。仅以我国城市中形成“大而全、小而全”的结构形态为例，其结构特点在于城市服务设施的分散化及城市构成单元的综合化。具体地讲，即很多工厂、院校、机关等城市构成单元除要担负生产、教学、业务等本职工作外，还要举办食堂、医院、托儿所甚至百货商店。副食品店、菜场、中小学校、建筑队、修缮队、电影院、招待所等本应由城市承办的设施内容，最终形成了“社会进工厂”“工厂办社会”等反常现象。这种“大而全、小而全”的结构因功能效率低、投资重复浪费等不合理现象而广受社会舆论的再三批评。当然，城市中形成的“大而全、小而全”的结构形态绝非规划者建构城市之本意，更不是主观建构影响的客观结果，而是城市在现行机制下自构而成的特殊形式（图 2-8）。当城市缺乏公共服务性建设投资而导致城市服务设施严重不足时，为了满足人们社会生活的基本需要，这种社会责任自然会转移到具有一定经济实力与自主权的基层单位，它们通过兴办各种小型的局限性的社会服务事业，来分担本应由城市承担的社会责任，也就是说，“工厂办社会”在一定程度上解决了城市大社会所不能全都解决的社会问题。这表明“大而全、小而全”的结构形态是城市在一定条件下自构的必然结果，它的存在从某种意义上讲具有一定的合理性。当然，从理论角度讲，这种自发结构形态并不合理，但要改变这种状况已不是城市规划管理者力所能及的，而必须通过对城市现行机制的改革，才能使上述问题真正得到彻底解决，此例只可说明城市自发结构形态具有内在的自律性与合理特征。

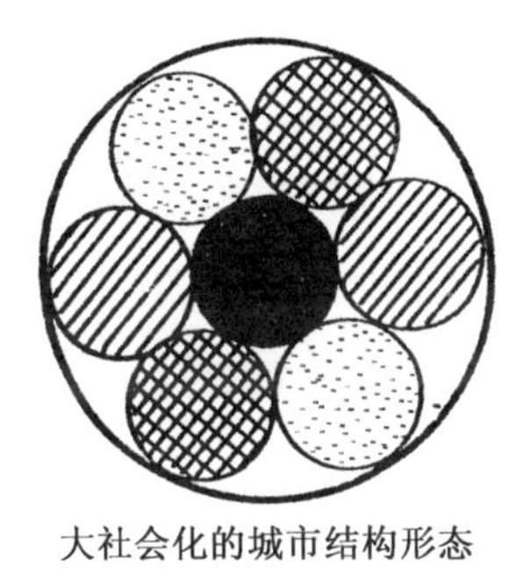

大社会化的城市结构形态　　　　单位社会化的城市结构形态

图 2-8 “大而全”、“小而全”结构形态比较

三、四种结构形态相关性分析

以上从概念角度阐述了四种结构形态的基本特征与涵义，但建立一套概念体系并不是主要目的，根本目的还在于探讨这些概念之间的相互关系。只有明确它们之间的相关性，才能使城市中间结构形态问题的研究具有理论价值及实际意义。

（一）四种结构形态的基本关系

四种结构形态的基本关系可用图 2-9 概括表示：

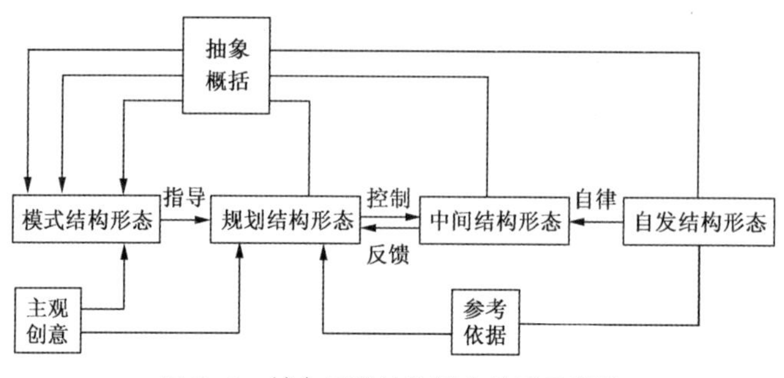

图 2-9　城市四种结构基本关系示意图

图 2-9 示意了四种结构形态之间的三种内涵关系：其一，城市模式结构形态既可在其他三种结构形态的基础上通过抽象概括它们的普遍性质与特征而建构起来，亦可凭借人的主观创意建构而成，但更多的可能是客观概括与主观创意相结合，共同建构城市模式结构形态。无论模式结构形态是通过什么方式建构而成，它都必须具有普遍的代表性（对认识城市而言）和普遍的适应性（对规划城市而言）。其二，模式结构形态一般是规划结构形态建构的重要依据，而规划结构形态又是城市中间结构形态的建构依据，这一过程实际上正是城市主观建构的外化过程。城市中间结构形态并非都是规划结构形态与自发结构形态的简单叠合，更多的情况是规划建构修正自发结构形态或自发建构修正规划结构形态的客观结果。其三，城市规划结构形态是在考虑人的主观要求与客观条件两方面因素的基础上建构起来的，即城市规划建构除了注入人的理想外，还要参照城市发展的客观规律，规划结构形态与自发结构形态之间的偏差是有大小之分的。

从分层关系的角度讲，中间结构形态、规划结构形态及模式结构形态之间可被视为城市结构形态由具体到抽象、由现实到理想的三个不同层面。从中间结构形态（这里指受前规划影响的城市客观结构形态）到规划结构形态再到模式结构形态的建构过程即是人为建构的内化过程；反之，从模式结构形态到中间结构形态的建构过程则是人为建构的外化过程。如果以其内化的结果来指导外化性建构，则不可避免会表现出模式与规划结构形态的滞后性。

再从另一种分层角度看，城市的规划结构形态、中间结构形态及自发结构形态可被视为城市结构形态由人为性到自然性的三个不同层面。其中规划结构形态与自发结构形态是中间结构形态的两种极端形式，城市中间结构形态只有在这两者之间上下浮动。

（二）中间结构形态的“中间度”

为能形象地说明规划结构形态、中间结构形态及自发结构形态的相互关系，我们可以给出如图 2-10a 所示的抽象图式。在该图中，假设正方形表示规划结构形态（其直边可借喻为规划结构形态的确定性，转角借喻为规划结构形态的阶段性），圆形代表自发结构形态（因圆周上的每一点的运动方向都不同，故借喻为自发结构形态的确定性；又圆周上各点都有同一圆心，故可借喻为自发建构形式的自律性），那么城市中间结构形态的一般形式则可表示为具有特殊意义的弧边形，即这种弧边形既兼具方形与圆形某些特点，又不等同于正方与正圆，完全表现出它的“中间”特征。

这一图式除了直接展示三种结构形态的基本特征外，据此还可引出城市中间结构形态的“中间度”问题。如图所示，作为中间结构形态的弧边形既可向方形无限趋近（图 2-10b），又可向圆形无限趋近（图 2-10c），其相对位置存在一个“度”的关系。从理论上讲，表示中间结构形态相对于规划或自发结构形态的偏差程度，即可定义为城市中间结构的“中间度”。另外，从图式中还会发现，城市中间结构形态在规划与自发结构形态之间存在一定的摆动范围，这一范围会随规划结构形态与自发结构形态之间关系的改变而有所增减（图 2-11），如果以多边形的边代表规划结构的阶段，那么规划结构的阶段越短，规划结构形态与自发结构形态就越可能趋近，进而中间结构形态摆动范围就越小。当然，上述图式只可借喻三者在理论上的关系，并不能代表三者关系的整个内在涵义。由于自发结构形态一般只作为一种理念，并不具有具体的形式，所以，规划结构形态与自发结构形态之间存在的偏差是不可度的。唯有城市中间结构形态（即经过规划干预现状结构形态）与规划结构形态（以文本及蓝图为载体）之间的偏差才可量度。因此，这里所讲中间结构形态的“中间度”实际指的是中间结构形态与规划结构形态之间的偏差度。

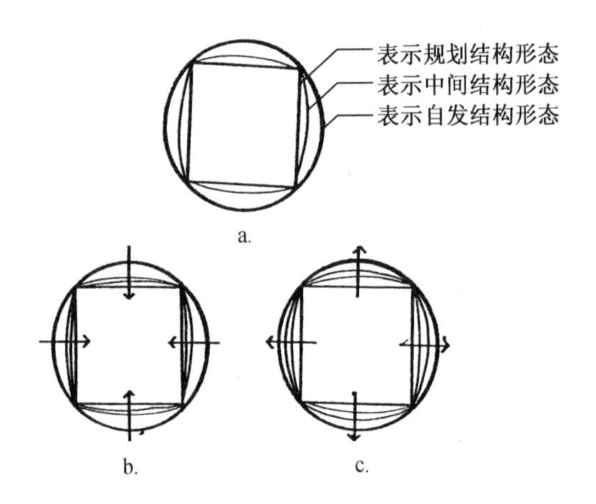

图 2-10 城市规划、中间、自发结构形态关系的抽象图式

可以建立一个坐标系（图 2-12）来帮助理解中间结构形态、规划结构形态与自发结构形态以时间为变量的相关关系。在该坐标系中，设“O”为城市结构形态的基始状态，直线“OP”为规划建构轨迹，虚线“ON”为自发建构轨迹，“OI”为中间结构形态的建构轨迹，T 为规划阶段限期，

α 为规划建构与自发建构方向的初始偏差（取决于规划的主观程度）。在此假设的基础上，当 $T=T_n$ 时，规划预设的城市结构状态为 P_n，而实际发展的城市结构状态则为 I_n，那么在 T_n 时城市中间结构形态的中间度 M_n 为：$M_n=I_nP_n / T_n$。该式表明：当 T_n 值一定时，I_nP_n 值越大，中间结构形态偏离规划结构形态的程度就越大；而当 I_nP_n 值一定时，时间越长则表明规划建构偏差客观实际的比率就越小。如同前几个图式一样，该坐标系只是在理论上说明规划结构形态与中间结构形态之间以时间为参数变量的一般相关性，但在实际上并未提供一种检验其偏差的可行途径。若要进一步深化对城市中间结构形态问题研究，我们还须建立一套实用可行的检验方法，来量化城市中间结构形态与规划结构形态之间产生的偏差。但建立有效的检验方法，其过程不仅是十分复杂的，而且建立的角度与标准也是不同的。因受研究时间与能力所限，在此只提出建立检验方法的可能及意义，不再对该问题做深入探讨。

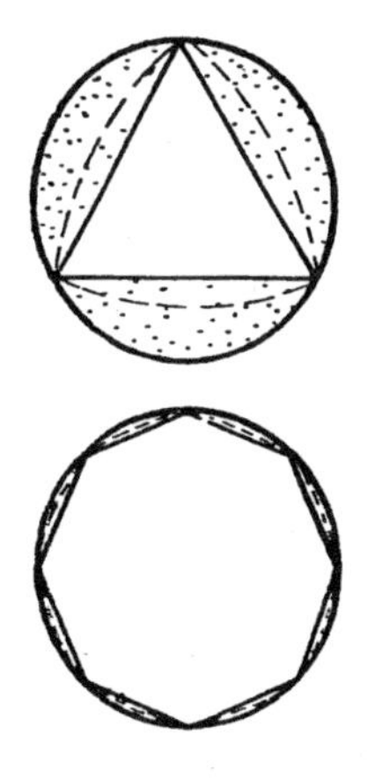

图 2-11 城市中间结构形态的摆动范围

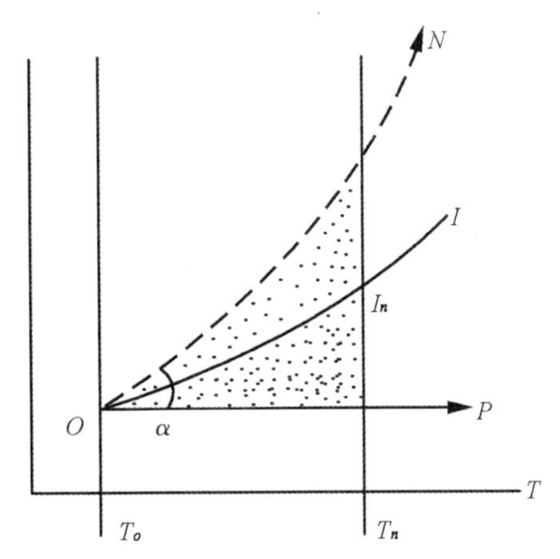

图 2-12 城市中间结构形态、规划形态与时间的相关性示意

（三）理想模式与城市中间结构形态

在现代城市的客观建构中，有的城市以明确的模式作为其客观建构追求的目标，如英国的莱契沃尔思（Letchworth，1903）及韦林（Welwyn，1920）等城就直接套用了“花园城”的理想模式；伦敦西南罗汉普顿（Rochampton）的荷尔顿（Alton 1959）新区的开发即是对“阳光城”模式的具体实践。近期来看，意大利博洛尼亚城的规划及尼日利亚新都布贾新的开发皆是以“都市轴”模式为范本[12]。但更多城市的规划建设并未以具体模式为样板，而是把理想意念融进于规划思想、发展战略等抽象的表述中。换句话说，任何具有普遍意义的城市理论、建设方针、指导思想、规划原则或发展战略都隐含着特定的理论模式，如路易斯·毛福德（L.Mumfond）的规划理论就隐含“邻里单位”的模式内涵[13]；一度广泛影响澳大利亚及苏联等国城市规划实践的“拉德伯恩思想”实际只是“超级区模式”的抽象涵义[14]。再比如我国目前施行的城市发展战略（或称基本方针），亦隐含了发展卫星城等疏散主义模式的理想成分。总而言之，城市的规划思想、建设方针、发展战略等可被视为城市模式的广义形式，它们有的可以直接以图式来表达，而另一些缺乏图式表示的广义模式则具有更大的包含性与灵活性。

在城市理想模式与城市中间结构形态之间存在着两种可能的关系，即内化过程中表现的直接关系及外化过程中表现的间接关系。其直接关系是城市模式可以从城市中间形态普遍特征中直接概括形成，但当城市模式反作用于城市客观建构时，则须经过规划结构的中介环节，即城市模式结构形态必先转换为规划结构形态，然后再经过二次转换才能具体反映在城市客观结构形态的层面上。在这种转换过程中，城市客观建构绝对遵循、贯彻理想模式的可能性极小。由于经过不断修正等原因，理想模式的基本意图与客观实际产生的偏差是不可避免的，但它们之间的偏差主要表现在定性方面。也就是说，一种理想模式、一种规划思想或一种发展战略的实践结果多以成功与失败、实现与破灭等定性的标准来判断，即理想模式与中间结构形态的偏差是以“质”的关系来维系的。当然，对城市建构采用的模式或规划理想并非单一的，正如英国城规专家汤姆逊（J.M.Thomson）在提出城市交通的五大战略及模式[15]时指出的那样：“实际上，没有一个城市完全适合某种类型的解决办法，大多数城市不能采取一种明确的战略，它们很可能同时采取两种互相矛盾的战略。”[16]这种现象在我国城市规划建设的实践中也时常发现。在城市规划建设中，采用什么样的模式、思想或战略是影响城市中间结构形态发展的重要因素，这一点对城市规划及管理者来说至关重要。

（四）规划建构与城市中间结构形态

城市的规划建构具有广义与狭义之分。广义上讲，规划建构包括人类从城市的整体角度对城市客观建构的整个干预过程；而狭义上说，规划建构仅指以文本形式建构规划结构形态的有限过程。就此意义，广义的规划建构包括了狭义规划建构的所有内容，后者实际只是前者中的一个重要环节。这里运用的规划概念包含了广义与狭义的两种意义。

首先我们从狭义的角度看，规划文本往往是城市客观建构的参照依据，规划结构形态的建构形式在很大程度上会影响城市中间结构形态的合理性，而规划结构形态的建构质量主要与规划的思想、范围、深度、依据与方法等因素有关。

在规划思想与客观建构的关系上，我们可从规划实践中认识到：对融进一个理想城市模式的规划方案而言，其实施结果可能会与原规划设想相差甚远；而对一个采用缺乏理想与远见的规划方案来说，其规划意图却可能很容易实现。这表明：理想的模式并不一定可行，而可行的模式又并不一定理想。这确实是一对难以克服的矛盾，规划者的抉择就介于理想与现实的矛盾之间。若采用的规划模式过于超前（超前是规划的特点之一），则会大大削弱规划方案实现的可能性；若规划思想过于迁就现实，则又会使规划方案丧失其本应具有的能动意义。因此，采用什么样的规划思想或模式，既不应片面地以其理论上的合理性为依据，也不应片面地以其可行程度为标准，而应以理想与现实两者结合的程度为评价和选择的依据，城市中间结构形态的合理与否，将会在一定程度上反映出规划建构理想与现实之间的结合关系。另外一点值得注意的是，规划模式的理想性与可行性并非总成反比关系，在规划实践中我们可以发现，规划思想或模式既不理想又不可行的现象也是存在的。

在规划范围与客观建构的关系上，人们一般认为，规划限定的时间越长，空间范围越广，规划建构意图实现的可能性就会越小。其理由是时间越长，规划建构面临的随机性就越大，空间越广，规划建构面临的问题就越复杂。而城市变化的随机性与复杂性都是阻挠规划意图按部就班实现的主要因素。在承认这一规律的同时，我们不应忽略规划范围扩大在另一层面上的涵义，即规划者考虑的时空范围越广泛，对城市变化随机性的准备及对复杂性的处理可能做的就更充分，对城市形态发展的把握也会更全面。如果对规划建构的内容与形态留有较大弹性，那么扩大规划的范围对规划意图的实现反而更有利。从表面看这似乎是一种“二律背反”，但它说明了规划范围与客观建构的关系还要取决于规划深度、依据等其他因素。

关于规划深度对城市客观建构的影响，在没有其他条件限定的情况下，同样不可对其作出简单判断。在不同的条件下，规划做得深入细致，可能使规划兑现的结果出现两种相反状况：如果规划建构是以充分的可行条件为依据（如雄厚的投资基础、完善的管理体制、稳定的社会环境等），那么规划建构得越深入细致，方案兑现的程度就会越大；反之，若规划建构对可行性并无充分的研究和准备，那么规划细致的深度与规划兑现的程度则会成反比关系。对许多城市来说，制定城市发展的远期规划一般都有较多的主观成分，许多设想并无可靠的依据，在面临未来发展存在许多不定性的情况下，远期规划做得过细则可能导致规划兑现率的降低，这也正是二次大战后，西方城市对“精确规划”开始怀疑的一个主要原因[17]。

在规划建构依据与城市“中间度”（城市中结构形态“中间度”的简称）的关系上，规划依据的主观性不是影响城市“中间度”的唯一因素。一般而言，规划依据可分为城市现状、未来预测及规划假设等三个方面，其中城市现状是客观的，假设是主观的，预测则包含主、客观两种因素。总的来讲，规划的主观成分越多，规划兑现的可能性就会越小。但我们不能因此而过于依赖客观依据，因为规划建构的一些客观依据是不稳定的，一旦客观依据发生改变，那势必会从根本上动摇规划建构的合理性，进而影响到规划建构的兑现率。因此说，规划依据与城市“中间度”之间的关系应取决于规划依据的客观性与稳定性两个方面，只强调客观性是片面的。

在规划方法上，几乎没有人怀疑采用理性的规划方法要比采用直觉的规划方法更能保证规划意图的最终实现，但 20 世纪 70 年代在英国盛行系统规划法的失败却给上述观点提供了一个反例[18]。它表明，当理性式的规划趋于极端而完全排斥人的主观能动性时，规划建构的结果往往事与愿违。

规划的科学性并不在于对人主观能动性的排斥，规划建构过程中的非确定性与确定性、随机性与必然性、模糊性与精确性是相辅相成的，因此这就需要采用直觉与理性互补的方法来解决上述矛盾，偏废任何一方，都会影响规划建构的兑现率，都会加大城市中间结构形态与规划意图之间偏差的距离。

狭义的规划建构只是城市客观建构的预设与参照，能在多大程度上实现规划建构的意图、能否提高客观建构的质量，关键还在于规划建构的执行机制。规划建构的执行机制主要包括执行规划的权力、执行规划的环节及执行规划的手段等几个方面。

在执行规划的权力上，人们都认为规划管理的权力越大、越集中，对控制城市的客观建构就越有利。在古代城市建设中，封建集权可使君主的意志得到充分贯彻，而现代社会权力的分散往往使规划意图难以全面执行。但这只说明了权力与执行规划意图的正比关系，并不等于权力越大、越集中就越有利于城市客观建构的合理发展。一般来说，人对城市环境的控制是分层的，城市规划的管理者不可能也不应当将规划者的所有意志都渗透或强加进城市半公共性和私密性空间的范围内[19]，如果权力超出了规划管理的空间范围，规划建构就可能破坏城市合理的自构性机制，城市发展也会因此陷入僵硬或低效的状态。如何限定规划管理的权限范围是值得深入研究的实际问题，目前我国城市规划管理权限不到位及越权的现象还是大量存在的。

在执行规划的环节上，规划意图贯彻的结果与执行环节的多少及紧密程度有关，执行规划的环节过多，规划原旨就可能在执行过程中被扭曲或

“修正”；反之，规划原旨就容易贯彻执行。如古代城规建构的环节较少，有时君主就是规划方案的直接制定者或规划的直接监督者，故规划意图易被实现。但环节少并非贯彻规划意图的唯一保证，环节联系的形式与紧密程度亦能影响规划建构的质量，如我国城规工作者之所以对“一五时期”（我国国民经济第一个五年计划时期）的城规建设工作始终给予较高的评价，原因就在于当时执行规划的各个环节联系紧密，从计划到规划，从投资到实施，从管理部门到基层部门工作协调，行动统一，规划意图因此得到了较好的贯彻执行。总之，执行规划环节的多少与联系的紧密程度，与规划意图贯彻的结果及建构质量紧密相关。当今执行规划环节的增加与所要解决的问题日趋庞杂，对规划意图的贯彻有很大的影响，但环节联系的紧密程度则可通过人的主观努力而得到加强。

执行规划的手段与城市客观建构的关系在于：对同一规划目的来说，采用不同的手段可能会产生不同的建构效果。执行规划的手段可分为行政手段、经济手段与法律手段三个方面。其中行政手段具有一定的强制性，而经济手段则具有一定的疏导性，法律手段是对前两者的支持与保证。在规划建构中，这三种手段的运用是相互补充的，但若过分运用行政手段则可能导致城市中间结构形态的“主观化”；而适当运用经济手段则可缓解规划建构与自发建构的矛盾，使城市中间结构形态更具合理性。比如从规划角度出发，为了将一部分城市人口疏散到周围的卫星城，若只采用行政上的强制手段，很可能使被疏散者产生逆反心理，因此很难达到预期效果，但如果配合采用一定的经济手段，如完善卫星城的基础设施，提高卫星城职工福利待遇，减免一些税收费用等，以此加强卫星城本身的凝聚力和吸引力，从而达到疏散城市人口的规划目的，似乎这样更能提高执行规划的有效性。目前在我国城市规划管理中，提倡积极运用经济手段管理城市是非常必要的。

（五）自发建构与城市中间结构形态

城市自发建构是在城市自构力的作用下进行的。所谓城市自构力即指城市规划管理者未加控制或不能控制地影响城市发展的各种力。城市自构力一般呈现两种基本形式，一是以人性为主的“动力”，如在城市宏观控制之外的社会变革、外来投资、单位或个人行为总和形成某种自发趋势等，以及政府部门施行某项政策或计划连带产生其意图之外的各种力；另一种是以自然性为主的“静力”，如城市的地理位置、资源分布。 自然环境，也包括基础设施条件等区位优势的不同而形成的一种排斥或吸引城市用地发展方向的力。无疑，城市规划建构如果能顺应自构力的作用方向，城市规划建构与自发建构的合力将会促进城市客观建构的过程，规划建构与客观建构的结果之间的偏差也会缩小；反之，则可能减缓城市客观建构的速度或拉大规划建构与客观建构之间的距离。但规划建构过程中在某些方面是顺应还是背离城市自构方向，这主要取决于人对城市自构的认识及评价。城市自构现象并不都符合人类利益，这是人类从事规划活动的前提性假设，否则人为建构城市就会失去意义。而规划建构无论对城市的发展发挥多大的能动作用，其建构能力总是有限的，在城市自构总趋势面前，规划建构则显得无能为力，它对自构的必然规律即使可“纠正”一时，城市自构过程始终会在中间结构形态中显露其作用的痕迹。为说明这一点，我们以城市地域分化过程来看城市自构对城市结构形态带来的影响。

在“步行城市”时代，由于交通工具的限制，城市结构形态表现得比较紧凑和集中。蒸汽机的发明与火车的问世，给城市地域的结构形态带来剧烈的冲击。铁路运输改变了工厂依靠水运建在岸边的区位原则，城市开始沿主要交通线向外呈放射状扩展，平面形态呈现出齿轮形，同时在城市内部的不同区位开始出现不同的职能区域。20 世纪初，汽车大量使用，城市的地域结构形态又一次发生巨大的变化。汽车不受轨道限制，原来放射状之间的休闲空地被迅速填补起来。运货卡车的大量使用，再次改变了工厂区位的原则，工厂可以在铁路沿线和沿岸码头之外的地方选址兴建，工厂区位自由度提高，为城市工业地域的产生准备了条件。与此同时，汽车代步也扩大了人们的活动范围，使居住地域有可能脱离工厂、机关和嘈杂的市中心而单独存在，从空间上拉开了城市与各个地域的距离。进入 60 年代以来，科学技术的突飞猛进与社会经济的发展，使人口大量进城，地域急剧分化，城市迅速向大型、超大型发展，形成了所谓的大城市爆炸（explosion of a metropolis）。在这一分化过程中城市内部结构形态的演变过程是：当城市还是小城镇时，城市地域狭小，工商、住宅各项功能混杂布置，没有明确区分；城市向中型规模发展时，城市地域开始分化，从嘈杂环境中首先分离出来的是居住区，原来的市区变成了工商业混合的市中心；城市发展到大城市时，工业也开始从拥挤的中心部位向外迁移，在居住区外围形成近代工业区，市中心的商业更加发达，增加了多种服务行业；城市进入特大城市的阶段时，原工业带外围开始形成新的一轮住宅区，在中间市区开始出现副中心，大型工业亦开始出现飞地式扩展[20]。

在城市地域分化的整个过程中，规划建构只能起到局部的调整作用，而分化的总体进程则是在城市自构力的作用下进行的。针对这种自构力，美国芝加哥大学的城市地理学家科尔毕（C.C.Colby）提出了城市向心力——离心力学说，在这一学说中，他阐述了这两种力在城市结构形态演变中的作用过程和表现形式。在该学说的基础上，泰勒（G.Taylar）又加进了时空概念，将城市的自构分化放到一定的时间背景下来讨论，进而对科尔毕理论做了重要补充。为了帮助人们直观地认识了解城市自发建构的过程，有的学者又概括出城市客观建构的动态模型，以此展示城市每一发展阶段结构形态的基本特征（图 2-13）。

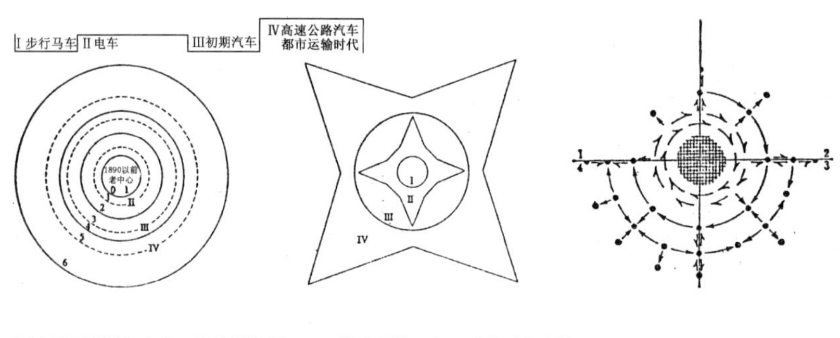

同心圆面积增加大小，依全部期间的建筑水准和房屋密度而定

城市形状因每一建筑时代中的主要运输工具而改变

住宅圆形旋状扩展图
（[日]田边健一）

图 2-13 城市自构的动态模型

表面上看，判断城市结构形态的人为性或自发性十分简单，只要观察城市结构形态表面的规整程度即可得出初步结论。然而这种判断在某些情况下也不免有失准确，因为表面上的无序形态有时是人为的刻意追求，如西方中世纪古城内部曲折迷离的路网形态并非都是自发形成，很多都是城市建造者为了避免敌人的直接侵入而故意这样设计建成[21]。除因功能需求导出这种自然形式之外，非规整形有时也是建筑美学追求的一种形式，如维也纳建筑师卡米洛·西特（C.Sitte）就是主张城市设计自然化的主要代表。尽管如此，城市的有序及规整程度一般情况下仍不失为判断中间结构形态倾向性的一种重要标尺。当然，衡量城市“中间度”的角度越多，判断的结果也会越准确。如美国建筑理论家克里斯托弗·亚历山大（C.Alexander）1966 年提出的城市树形与半网络的概念又给我们提供了一个新的判断角度。亚历山大认为过去建造的人造城市大都呈树形结构[22]（图 2-14），如莱维顿（Levittown）、昌迪加尔（Chandigarh）、不列颠新镇（British

New Town）以及著名的规划方案都是人造城市的一些范例，而自然城市大都具有半网络结构形态特征[23]（图 2-14）。

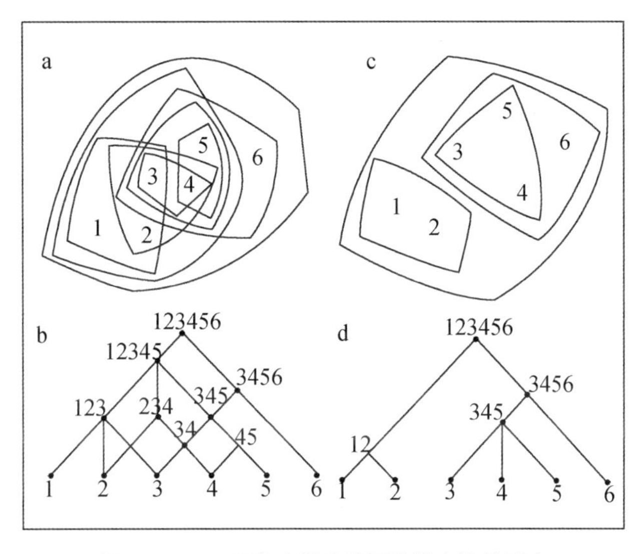

图 2-14 亚历山大提出的两种城市结构形态

因此城市客观结构形态是呈树形还是半网络形便可作为判断城市人为性与自发性一把新的标尺。然而在亚历山大提出“城市并非树形”这一新的观念后，半网络结构又成为规划者建构城市新的追求目标，这势必会影响这种判断将来的有效性。但无论怎样，只要人为干预了城市的发展，就必然会留下人为的痕迹，如果城市的规划建构绝对顺应城市的自构，那么城市中间结构形态将呈现的是自发建构的基本特征，在这种情况下规划建构的意义已不成立。实际上，只要有规划建构，那么从总体上完全顺应自发建构的现象就不可能产生。

注释

① 美国生态学家 L.W. 麦克康门斯认为：生态系统的特点在于其相对独立性。由于城市生活需要的一切都依赖于它周围的世界。故城市本身并不是一生态系统。麦氏的观点相当准确。但从广义上讲，由于城市的运作表现出了生产与消费及新陈代谢的过程，故城市一般不被人们视作生态系统。

② 麦克康门斯 ，等．什么是生态学 [M]．余淑清译．南京：江苏科学技术出版社，1984．

③ 沈小峰．耗散结构论 [M]．上海：上海人民出版社，1987．

④ [美] 沙里宁．城市 ： 它的发展、衰败与未来 [M]．顾启源译．北京：中国建筑工业出版社，1986．

⑤ 许体纲．城市设计 [J]．首都市政公报，民国 18 年 12 月（50）．

⑥ 铁迪．巴西利亚城市发展战略初探 [J]．城市规划，1984（1）．

⑦ 陈伯中．都市地理学 [M] ．台北：三民书局，1983．

⑧ 据苏联学者的观点，他们将城市发展理论划分为分散主义与集中主义两大部分（王进益译，《苏联大百科全书》，第 3 版）。

⑨ [英] 吉伯德 ．市镇设计 [M]．程里尧译．北京：中国建筑工业出版社，1983．

⑩ 龚义清，等．国外城市发展研究 [R]．中国城市科学研究会首届年会论文，科技情报研究报告．

⑪ 楼兰乃中国昔日西域名城，公元 376 年因闹水荒，楼兰人在山穷水尽时不得不忍痛弃城，迁到楼兰西南 50 km 的海头；佩特拉是约旦古城，在罗马时代是东西商路重要中心，约在公元 9 世纪，南北商路打通，商队不再通过佩特拉，最后人去城空。

⑫ “都市轴”理论是以开敞式的城市结构来解决城市发展的一种新尝试。其模式是以都市轴把传统的点状市中心变成带状市中心，在这个轴上集中高速环状的交通系统，干道与都市轴呈立体交叉，互不干扰。

⑬ 美国城规理论家芒福德提出的“有机秩序的社区理论”基本与佩里的“邻里单位理论”是一致的。（康少邦等编译《城市社会学》，浙江人民出版社，1987.）

⑭“超级区”模式即指在一个超级区里，独家住宅设计成面向一片广阔的公共露天绿地，在这块绿地里有花园和娱乐场所，房子的背景是一条死胡同，供服务来往私人汽车出入使用，其基本设计思想是将游憩区与车辆交通隔离开。由于这种设计思想是在纽约附近新泽西州拉德伯恩

区进行的实践，故称为“拉德伯恩思想”。

⑮ 这五种战略及模式是：充分发展小汽车的战略、限制市中心的战略、保持市中心强大的战略、少花钱的战略、限制交通的战略。其每一战略都附有一种结构模式。

⑯ [英]汤姆逊．城市布局与交通规划[M]．倪文彦，陶吴馨译．北京：中国建筑工业出版社，1987.

⑰ [英] 霍尔．城市和区域规划[M]．邹德慈，金经元译．北京：中国建筑工业出版社，1985.

⑱ 赵民．美国规划中系统方法应用的兴衰[J]．城市规划，1988（5）.

⑲ 于洪俊，宁越敏．城市地理概论[M]．合肥：安徽科学技术出版社，1983.

⑳ 于洪俊，宁越敏．城市地理概论[M]．合肥：安徽科学技术出版社，1983.

㉑ [美]沙里宁．城市 ： 它的发展、衰败与未来[M]．顾启源译．北京：中国建筑工业出版社，1986.

㉒ [美]亚历山大认为城市树形结构的特征在于构成城市的单元缺乏横向联系，构形简单。

㉓ 城市半网络结构具有城市构成单元相互交叠的复杂性。

第二部分

南京城市结构形态演变的总体分析

第三章 古代南京城市建构过程的总体分析

在历史上，南京曾以十朝故都而著称于世[①]。它的发展和演变一方面反映了我国古城建构的基本特点，另一方面亦表现出其自身独具的建构特征。作为十朝故都，南京古城建构的人为性当然是其发展演变的一大特点，但在其演变过程中，城市自构的客观规律亦一直发挥着很大作用。本章即从模式、规划及中间结构形态三个层面，分析探讨南京古城建构的发展历程。

一、古城规划建构的三种模式[②]

南京古城在历史演变进程中，曾有过几次大的筑城经历，每筑新都，封建君主采用的古城规制都不尽相同。如明代都城形态自然，而六朝都城形制规整。尽管在其他方面它们前后相沿，但在规划观念与形式上的变异却是显而易见的。为深入探讨南京古城规制前后的各种变化，我们首先站在一个宏观的角度，来研究中国古城规划建构的基本模式。概括地说，中国古城规划建构的基本模式可分三种：

（一）“周法”确定的城市模式

中国古城规制素有“周法秦制之分”[③]。所谓周法乃指西周时代建立的一套城规制度。这套规制几乎是历代帝王筑城造邑参照的理想模式，其详细内容记于春秋晚年齐国官书《考工记·匠人营国》[④]的史籍之中。这套制度系由城邑建设体制、礼制营建制度及城邑规划制度三部分组成。此三项制度是以城邑建设体制最为重要，该体制将城邑分为三级，即王城、诸侯城和郡（采邑城），并对各级城邑的建置数量和布局等做了严格的规定；礼制营建制度是实施城邑建设体制的特定手段，按照城邑等级，厘定各项具体标准，如城之规模、城垣、城门、道路等都用量的概念进行规定，以此表示城邑建设的礼制等级；城邑规划制度则是综合前两项制度在城邑规划工作中具体化的结果，凡城邑的内容布局等，都必须遵循此制进行规划建设。具体地讲，王城规制为：“匠人营国，方九里，旁三门。国中九经九纬，经涂九轨，左祖右社，面朝后市，市朝一夫。”（图 3-1）其他等级的城邑规制则参照王城基本模式缩减而定。王城规制确定的城市模式具有两个突出特征：一是以宫为本，将宫城位于都城中心，并通过面朝后市、左祖右社的对称安排及以宫城轴线作为都城的主轴线来强化宫城的主导地位；二是王城形制，形态方整。王城模式的上述形式并非人为随意设想，而是西周政治经济制度及当时统治者世界观的一种客观反映。据记有西周筑城思想的《周官·大司徒》所论“……地中，天地之合也，四时之交也，风雨之会也，阴阳之和也。然则百物阜安，及建王国焉”。这种“择中思想”不仅反映在“择天之中而立国”上，同时也反映在“择国之中而立宫”“择宫之中而立庙”[⑤]等各个营造方面。从功利上讲，择中而立有利于统治者对其领地的控制和自身防御；从精神上讲，择中而立可以作为帝王居天之中，为万物之主的精神象征。

再者，王城“九经九纬”的方整形态并非是建构者玩弄几何图案之结果，而是西周实行井田制的一种反映。井田制是奴隶社会土地所有制的特殊形式，如《通典》所记：“昔黄帝始经土设井，以塞争端。立步制亩，以防不足。使八家为井，井开四道而分八宅，凿井于中，一则不泄地气，二则无费一家，三则同风俗，四则齐巧拙，五则通财货，六则存亡更守，七则出入相同，八则嫁取相媒，九则有无相贷，十则疾病相救。”[⑥] 如图 3-2 所示，这种井田规制是由大块方田组合而成，四周有矮垣围绕，与矮垣平行，又有纵横交错的“阡陌”，把田地划为若干大小相同的整方田地。就其形态而言，其完全可视为王城规制之缩影。“《考工记·匠人》规定‘市朝一夫’，已清楚地表明以井田单位——‘夫’，作为城的规划用地单位，而且按照井田组合来组织王城规划用地。”[⑦]

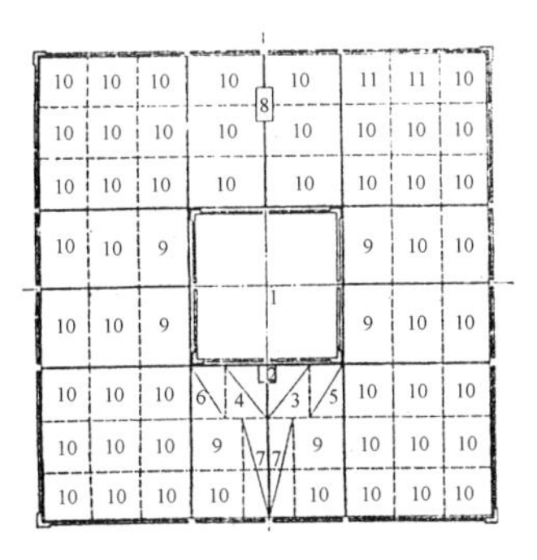

图 3-1 王城规划理想模式

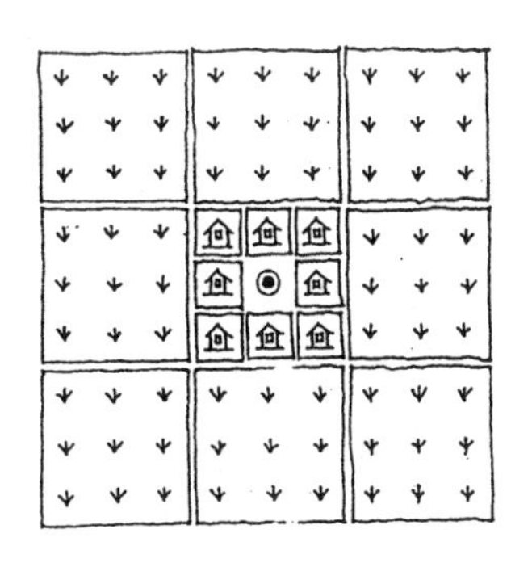

图 3-2 井田制规划形制示意图

据此，我们即可认识到王城（包括其他城邑）方整形制的建构由来，这种规整形制并不是无根据的设想，而是西周政治、经济制度下的必然产物。

“周法”规制只是古代筑城的一种理想模式，即使在西周时代的具体执行上，亦因地制宜，有损有益，但其重要内容，如城邑等级、规模、营建措施的礼制级别等则必须遵循制度的规定。进入封建社会后，一些著名都城的营造亦或多或少参照了这种理想模式。

（二）“管子”确定的城市模式

所谓管子确定的城市模式，并无具体形制可考。相对“周法”而言，它完全是作为一种新的规划思想而存在。这种新的规则思想记述于春秋时期齐人管仲所著的《管子》一书之中。其中《乘马》《度地》《大匡》《小匡》等篇都有对城市规划设计问题的精辟论述。如《度地》篇道：“圣人之处国者，必于不倾之地，而择地形肥饶者，乡山左右，经水若泽。”其意强调：选择城址应重视地利，讲求实效，避免水旱之患。《大匡》篇论道：“凡仕者近宫，不仕与耕者近门，工贾近市。”这一论述既可作为对城市实际分区的概括，亦可作为城市规划的一种设计原则。在城市外部宏观的分布上，《乘马》篇有“上地方八十里，万室之国一，千室之都四”的阐述。在城市内部结构的安排上，《八观》篇有“大城不可以不完，郭周不可以不外通，里域不可以横通，闾闬不可以毋阖，宫垣关闭不可以不修”等具体规定，有关论述不一而足。但最能反映管子规划思想本质的是《乘马》篇中的一段阐述：“凡立国都，非于大山之下，必于广川之上。高毋近旱，而水用足；下毋近水，而沟防省。因天材，就地利，故城郭不必中规矩，道路不必中准绳。”“管子”规划建构的中心思想即在于：筑城造邑应充分发挥所选城址的地利条件，务求环境的实际情况而定，不必强求形式上规整。从更深层涵义上与“周法”规制相比较，“管子”的规划思想是以客观、自然及经济等因素为建构基础。而“周法”的规划思想则是以主观、人为及政治（礼制）等因素为建构基础的。比如在分级问题上，旧制的王城及诸侯城称“国”卿大夫的邑称“都”，其标准完全是以政治上宗法封建体制和礼制等级原则而定的。“管子”则不然，他是按城市人口多寡作为分级标准，人口多，城市自必大，故称“国”，人口少，城市则小，故称“都”。所谓万室之国、千室之都实际就是按城市人口及经济繁荣程度确定的分级方法。再如城邑的分布布局，营国制度是按宗法分封的政治要求而定的，而管子是据土地等级作安排的，土地肥沃，耕地产量高，可供养较多的城市人口，故城市分布密度大；反之，则城市分布密度就小。显然，这是从经济观点立论的。

“管子”规划思想的产生是以春秋战国时期奴隶制濒于崩溃为背景的。春秋晚期，随着诸侯政治及经济势力的发展，旧的城市建设已不能满足社会新形势的需求，许多诸侯为了扩展自己的势力范围而擅自营建新城，扩大城邑规模，打破了礼制营建制度的约束，在城邑的具体营建上发生了种种“潜越”和“违制”行为，它实际上已在客观上否定了周初营国制度的建设体制。在新的封建生产关系逐渐形成、封建工商经济一天天活跃起来的条件下，经济因素对城市规划产生越来越显著的影响，城市规划自然要作出相应的反应，管子规划思想即是在这种新的政治、经济关系条件下产生的。管子尊重城市客观发展规律及适应其自然的规划思想，不仅是对春秋战国时代各种变革的一种适应，而且也为后人从事筑城造邑开辟了一条新的途径。由于受“管子”规划思想的影响，春秋战国时的齐临淄及郑韩故城在规模上早有“僭越”，在形制上亦多不规整（图 3-3）。

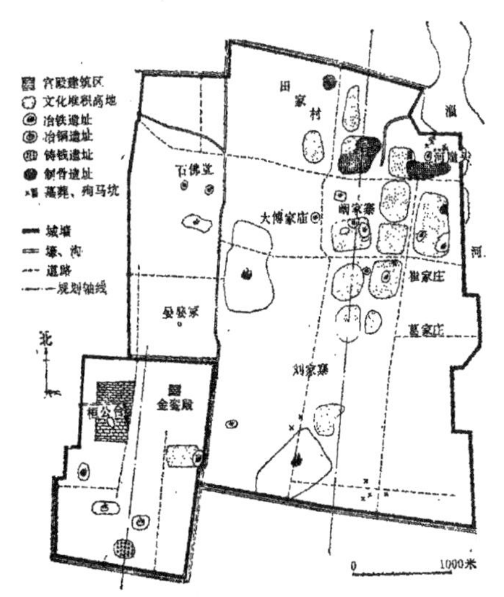

图 3-3 按“管子”规划思想建构的齐临淄

唐代的南京临安及明代南京不规整的城垣形态在某种意义上亦是“管子”规划思想的具体反映。

（三）“秦制”确定的城市模式

所谓秦制即指秦人总结先朝营国建城的各种制度而建立起来的一种新的规制。秦始皇统一天下，建立第一个大一统封建帝国，此时城市规划又面临新的发展形势和任务。秦朝建国之后，一面继承春秋战国时代的郡县建制，确立中央集权政体下的城市建设体制，一面更积极遵循春秋战国时探求的城市规划革新道路，总结各国积累的革新经验，结合当时新形势需要，发展成为一种新的规制——“秦制”。

关于“秦制”的具体内容，现存史料已无从稽考。不过秦始皇经营的帝都咸阳规制无疑是“秦制”都城规制的代表（图 3-4）。透过咸阳规划，便可窥测“秦制”梗概。考察秦咸阳改造规划，秦人主要采取了两个规划观点：其一，以城市本体为主，凭借扩大境界，体现帝都之宏伟。如咸阳规划把散布在城市附近二百里内二百多座宫观，环绕咸阳聚结为一个整体，同时通过这些宫观，又将它们各自周围的地域组织起来，形成城市屏藩，俨若众星拱辰，进一步突出无极咸阳宫，以此体现帝都之宏伟。其二，运用天体观念部署城市，从规划意识上表述帝居的无上尊严。如咸阳规划以渭河作天体银河，各宫比拟天体星座，用复道、甬道及桥梁为联系手段，将各宫参照天体星象组成一体，形成以咸阳宫为中心的庞大宫城群，以突出帝居的核心地位。由于采用以上两种规划观点，故产生了一套新的规制，其特点在于：（1）因规划境界的扩大及采取天体观念进行规划，而打破了建外郭的传统，以积极充实郊区区县的办法，取代外郭的功能；（2）因重视天体观念及对地形的利用，城市形制不强求规整；（3）皇宫作为都城主体，仍按择中立宫的传统据于都城中心区的城市南北轴线上，但不强求位于轴线正中。

从“秦制”的建构形式看，它具有既不死守西周旧法，又不照搬管子思想的特点。但“秦制”汲取两者之长，形成一种不仅重视利用地形、不求形制规整，而且又以宫为本，强调轴线对称，依然保持周法的部分传统模式。可以说，“秦制”是集灵活性与严整性，客观性与人为性为一体的规划模式，是对“周法”及“管子”规制的概括与发展。在我国古城发展史中，“秦制”起到了承先启后的历史作用，从近两千年中国古城的规划实践看，完全依照“周法”理想模式建城者实属少有，而取“秦制”为建城模式之例不胜枚举，除秦都咸阳外，汉都长安、东汉洛阳等古城形制皆为“秦制”规划之典例（图 3-5）。

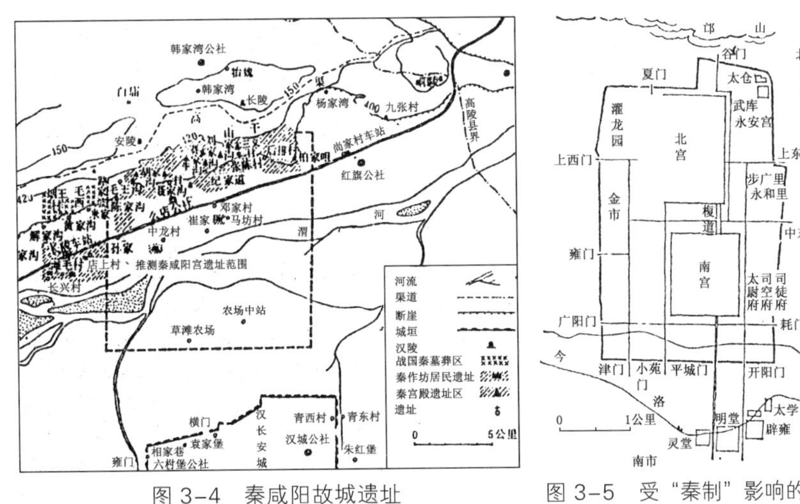

图 3-4 秦咸阳故城遗址

图 3-5 受“秦制”影响的古代都城

二、古代南京规划建构的四个阶段及特征

从南京古城发展的整个过程看，自东吴定都建业，到明初建造应天，其规划建构大致可分为初创、修整、跃进、鼎盛四个阶段。其中每一阶段规划建构的基本特征都各有不同。

（一）东吴建业——规划建构的初创阶段

早在东吴定都建业之前的春秋战国时代，古秦淮流域就已出现了筑城造邑人为建构城池的规划活动。如越王建筑的越城（今雨花台处）、楚王营造的金陵邑（今清凉山处）等都是封建诸侯为巩固其统治地位，扩大其疆域而筑造的军事城堡。这些早期规划建构对后期影响并不大，而真正奠定南京古城规划建构基础的最早城池当属东吴筑造的建业城。

东汉之末，吴王孙权迁都建业之前，已在楚国金陵邑修筑石头城（公元 212 年）作为东吴水军的根据地，同时还在秦淮河东南岸设筑了丹阳郡城（公元 221 年）作为地区治所。公元 229 年，孙权称帝，建都武昌，后遭江东大族反对而迁都建业，从此奠下了南京规划建构的最早基础。

建业城的选址定位是以孙策故宅“长沙桓府”为参照确立的。都城具体范围是：东凭钟山，西连石头，北依后湖（即今玄武湖），南近秦淮，城围二十里十九步（图 3-6）。从城市结构形态的角度分析，吴都建业规划建构的形式有四大特点：其一，都城形态呈“九六城”形制。“九六城”形制乃东汉筑城形制，城呈长方形，环套宫城，未建外郭。南北长九里余，东西约六里，号称“九六城”[⑧]。据古志所记，六朝都城是仿东汉洛阳之制而建造，古今学者多以“都门十二”为据进行了正反考证，各有所见，

不得其果[⑨]。但建业都城形制却可作其仿效洛阳之制的另一佐证。据考，建业都城南北长约六里，东西宽约四里，都城呈长方形[⑩]，城垣长短边之比为六比四，与九比六成等比关系，恰与东汉洛阳“九六城”形态相吻合。尽管建业都城较洛阳城为小，但据上述史考，建业以“九六城”模式为建构依据的可能是存在的。其二，宫城位置偏都城之左。按“周法”理想模式，宫室应据都城正中而设，但建业太初宫偏城中西南（图3-6），这种布局形式是筑城者出于某种目的而刻意安排，还是因承孙策旧府，迁就环境而适其自然，都无据可考。但据史料推测，筑城者刻意避中设宫的可能性较大，因在公元247年重建太初宫时，规划者完全有机会调整宫城位置，使之居中而设，然而实际情况并非如此。其三，强调都城轴线，设御道贯穿南北。建业宫城虽未居中安排，但筑城者对都城轴线十分注重。所谓五里御街即都城轴线之所在。该轴线北起都城宣阳门，南抵秦淮大市。起中轴作用的御道，其中央部分作为皇帝专用驰道，驰道两旁设官民大道，在大道两边又分布大小官署和驻军营房，正所谓廨署栉比，府寺相属，以此加强中轴的序列和层次，进而达到强化皇权神威之目的。其四，都城结构单一。建业都城内包括的内容主要有宫城、仓城、苑城。仓城是皇家储粮备器的仓库，苑城是皇家花园和宫室卫队的营地，宫、仓、苑三城都是围绕帝王生活起居及安全防卫所设立。由此可见，这一阶段的筑城观念尚以“筑城以为君”作为规划的主导思想，因此，建构的都城性质单纯，结构关系亦十分简单。

从规划建构的过程看，建业都城原基本构架并非一次建成，而是经历一个不断建构的连续过程。如孙权立都建业时，尚无力量大兴土木，他先“就长沙桓王故府为太初宫居之”，规划都城范围，确定都城轴线，粗略奠下建业城的基本框架。都城大形定下后，孙权最关心的是都城供排水等紧要问题。他从完善都城基本功能的角度出发，于公元240年令“凿城西

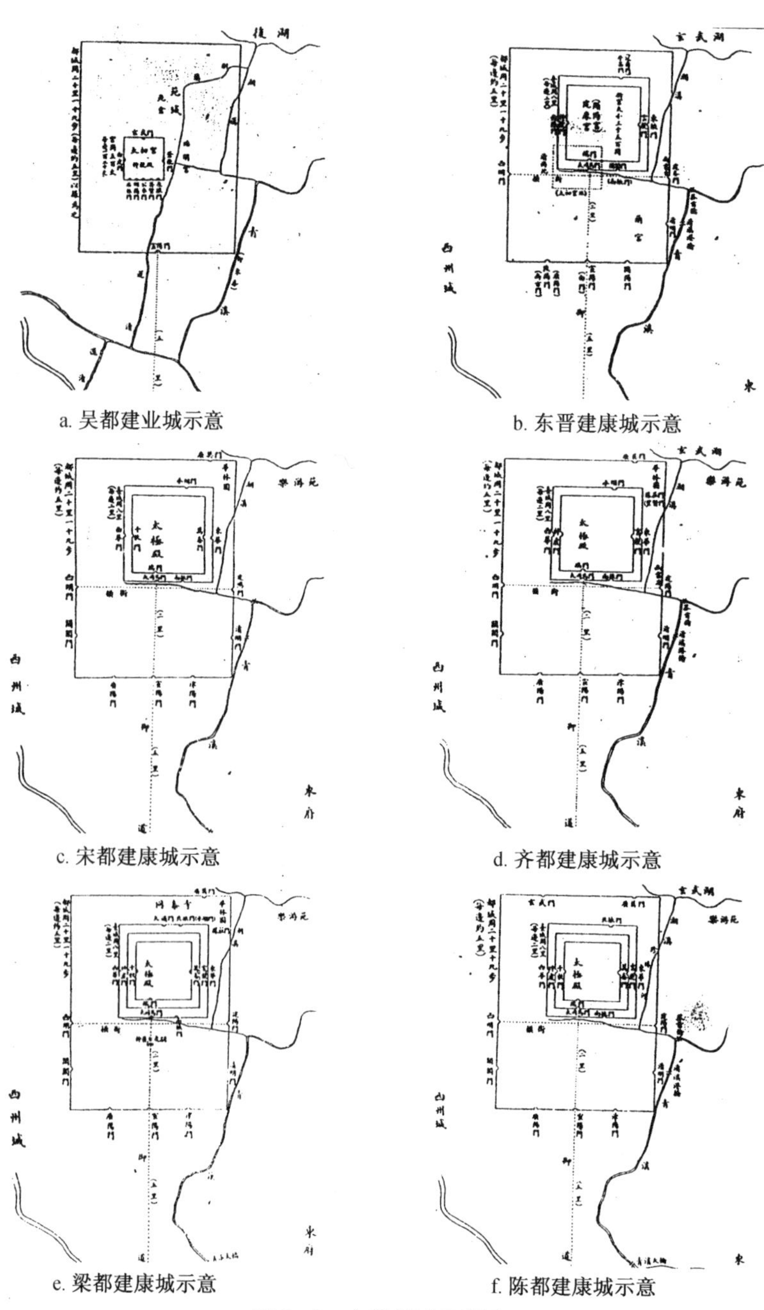

a. 吴都建业城示意

b. 东晋建康城示意

c. 宋都建康城示意

d. 齐都建康城示意

e. 梁都建康城示意

f. 陈都建康城示意

图 3-6　六朝都城示意图

南，自秦淮北抵仓城”[11]，名曰“运渎”，次年又“凿东渠，名清溪通城北，堑湖沟”[12]。待都城水网基本完善，保证重要物资能自水路运进皇宫后，孙权才于公元 247 年在宫城原址“改作太初宫”。新宫“周回五百丈，正殿曰神龙，南间开五门，东西北各一门”[13]。公元 267 年，东吴后主孙皓，又在太初宫之东建造了一座更为宏丽的“昭明宫”，为使昭明宫殿堂之间终年流经碧波绿水，孙皓又令在宫后开一条“城北渠，以引后湖激流入城”[14]。

从上述经历来看，建业城的规划建构并不是在既定计划指导下按部就班进行的，其规划建设的每一阶段都是根据当时统治者需要及财力的可能推进的，其中渗透了封建统治者很大的主观性与随意性。如在建昭明宫之前，统治者曾放弃建业而徙都武昌。类似这种波动现象足以表明建业的规划建构是一个断续、累积的过程。

（二）六朝建康——规划建构的修整阶段

历史上的六朝即东吴、东晋、宋、齐、梁、陈六朝代的简称。之所以将东吴建业归于建康城义之内，其因在于：东晋建康是在东吴建业基础上完善发展起来的，建业都城大的框架到东晋及南朝基本未有更动。

东晋、南朝之建康在大的方面虽承吴制，但在一些局部和宫城方面，却曾经过许多次规划调整（图 3-6）。归纳起来，建康规划调整主要表现在三个方面：第一，重建宫城。东晋之前，琅邪王司马睿攻占建业，“因吴旧都城，修而居之，太初宫为府舍”[15]。公元 317 年，东晋建朝后，立都建康，都城仍保持前朝旧貌。但到公元 329 年，“苏峻之乱”致使宫城被焚[16]。次年平乱后，东晋才“始作新宫，缮苑城，修六门”。新宫曰建康宫，在东吴苑城基础上修建而成（即六朝台城），东晋后期，“谢安石以宫室朽坏，启作新宫”[17]。于是在公元378年又对建康宫进行了一次大规模的改建和扩建，新扩宫室规模宏大，殿堂共计三千五百余间，用地包括了东吴时期的苑城和昭明宫，可以说这是一千六百年前金陵地区最大的建筑群，使六朝宫城建设达到登峰造极之水平。第二，强化都城轴线。六朝历代对都城轴线皆十分注重，每一代帝王都将都城主轴视为皇权神威的一种形式体现，因而再三为加强这条轴线而大做文章。如东晋太兴年间，晋王曾试图在城市轴线上宏立双阙，以示帝威，而宰相王导谏以牛头山双峰作“天阙”，改牛头山为天阙山，故在人的意念上将都城线向外延了数十里之远。在实建方面，公元508年，梁武帝令近在都城轴线北端立神龙仁虎阙，远在都城轴线的越城之南作国门，“以壮观瞻”。另外在都城外延轴线中段上的朱雀门，是分划城区与市区的重要门阙，各代帝王为强化都城轴上的这一“层次”，曾屡屡对其加以修缮改建，其中最重要的一次是在谢安石主持扩建建康宫时，“又起朱雀重楼，皆绣而藻井，门开三道，上重名朱雀观……”[18]。第三，完善城门体系。六朝城门的完善过程，以都门为著。初创建业时，都城仅立宣阳一门，面南而开，但到建康时期，几乎每一朝，对都门都有修缮或添增（图3-6）。如东晋咸和五年（公元330年），都城面南增开陵阳、开阳两门，面东增开建春、清明两门，面西增开西明门；宋元嘉二十七年（公元450年）都城面西增设阊阖门，北开广莫门；齐建元二年（公元480年）“立六门都墙，一改晋宋旧观”；梁朝重在宫城改建，都门未变；陈朝在都城之北又增辟玄武门。至此，六朝建康都门达九数之极[19]。都门乃联系都城内外的关口，不断增辟新门，一方面表明统治者为健全都城交通体系所做的不懈努力，另一方面表明随着“城”“市”的客观发展，两者的联系日益紧密。

从规划建构的特点看，六朝建康不仅在都城结构形态大的关系上前后因承，而且在筑城观念上，仍以“筑城以卫君”作为主导思想。在中国古代历史上，每经更朝换代，一般都有废旧立新的筑城传统，而六朝都城的营造过程并没明显体现出这一传统。这种因袭前朝旧制的现象并不表明六朝帝王没有大兴土木之宏愿，而是限于两种制因未有作为：其一，每当新朝创立，因频经战事，国力不支，新的帝王大都先就旧宫故府作为暂居之地，待经济好转，国力复苏，方计扩建修缮之事。如孙权 247 年改建太初宫时，所用材料乃拆武昌宫殿旧材，由长江顺水而下运抵建业，其建都基础可见一斑；其二，即使在繁盛时期，建康作为偏安之都使统治者也不敢轻易大兴土木，重建新都，他们只是在有限的基础上修修补补，在新帝王接受并适应旧城规制，以及来自北方战争威胁的条件下，弃旧都立新城的设想在仅求苟安的帝王头脑中是很难产生的。

（三）南唐金陵——规划建构的跃迁阶段

六朝建康经三百多年的建设发展，至公元 6 世纪中期已成为我国南方最大的都市。与同期洛阳城相比，其繁盛程度有过之而无不及。但在公元 589 年，隋兵灭陈后，隋文帝出于政治需要，下令将建康城邑统统荡平，改作耕田，仅留石头城作为“蒋州”府治。唐朝统治者继续推行隋朝抑制金陵的方针，但先后在冶城一带设置江宁县和上元县府治。县府与未被破坏的六朝市区相接，渐为唐末五代十国时期杨吴和南唐两国重建金陵城的基础。

五代十国时期（907—979 年），杨行密建吴国，以扬州为都，史称杨吴。杨吴在金陵设“升州大都督府”后改称金陵府，定为西都。杨吴权臣徐温与其子徐知诰先后为升州刺史。因升州富庶繁盛，徐氏父子试将政治中心由扬州迁至金陵。自公元 914 年开始，他们先后三次拓建金陵城。公元937年，徐知诰废杨吴，自立为帝，国号唐，建都金陵（后改称江宁府），史称南唐（937—975 年）。实际上南唐都城的营造基本是在杨吴时期拓建形成。与六朝建康相比较，南唐金陵的规划建构无论是在建构形式上，还是在建构观念上都可称作南京古城规划建构史上一次大的跃迁。

从规划建构的形式看，这种跃迁具体表现在三个方面（其中亦体现了规划观念的改变）：首先是都城位置的迁移。据考，南唐金陵“比六朝都城近南，贯秦淮于城中，西据石头，即今汉西、水西门；南接长干，即今中华门；东以白下桥为限，即今大中桥；北以玄武桥为限，即今北门桥。桥所跨水，皆昔所凿城濠也”[20]。关于南唐都城位置的留迁，史有评曰：南唐都城，形胜不及六朝，攻守之势不可同日而语。“城中秋毫不能遁，有险而不守，舍钟山、玄武湖之阻而营陴湿之地，此南唐之所以逊于六朝欤。”[21]就城防而言，南唐城址的确存在上述问题，但从整体上说，评论者忽略了南唐都城规划建构的基础与背景。事实上，南唐都城是以六朝旧市为依托略加人为修整扩建而成的，就当时国力与时局来说，建都不仅在客观上难以弃旧更新，而且在当时筑城观念上的变化亦对都城择址起到决定性作用。

其次是都城结构的转变。与六朝建康相比，南唐都城结构最大的转变即在于“城”“市”的合一，六朝都城是作为单一政治中心存在的，南唐金陵则开始作为政治、经济的复合中心而发挥更加广泛的作用。南唐金陵将秦淮河一带繁华商业区和人烟稠密的居住区以及军事要塞石头城皆围进城内，以此作为支撑都城的重要基础。这种新城市结构的形成除基于城市客观规律的自构作用外，当时筑城观念的改变则是促成新型城市结构的重要原因。六朝遵从的是“筑城以卫君”的规划思想，而南唐金陵已具备了“城以盛民”新的筑城观念。且不论这种观念的形成过程，南唐筑城者在建筑金陵时已接受了这一新的筑城观。

最后是都城形态的改变。南朝都城的规划建构不仅在城市结构上有所突破，而且在城垣形式的建构上也一反矩形规制，开始注重城垣形式的功利性。南唐统治者为弥补都城地位防守上的不足，在筑都城时将石头城包入城内，以加强金陵都城的御敌能力。为此，筑城若死守矩形规制，那么所建都城必因围括太大范围而失去可行性，或者就是放弃围石头城于城内的设想。对南唐统治者来说这两者显然都不可取，因此筑城者一改前制，参照管子“城郭不必中规矩”的规划思想，使都城形态终于突破了六朝传统。

（四）明初应天——规划建构的鼎盛阶段

宋、元两代的金陵城池仍沿南唐旧制，在都城结构形态上未有多大改观。但明朝建立后，其规划建构便进入了南京古城建设史上的鼎盛阶段。

元至正十六年（公元 1356 年），朱元璋率兵攻占集庆路，改集庆为应天[22]。朱初得集庆时，在天下形势未明的情况下，尚没考虑建都问题，对城市建设乃至军事性建设，朱元璋都不予考虑。当时他为稳固自己的政权，必须笼络人心，不敢大兴土木。初入金陵时，朱元璋的帅府机构置于旧城区内，先设在城南富户宅第之中，后迁往元朝统治江南的“行御史台”衙门旧址（今内桥南王府园一带）。直至 1364 年朱元璋改称吴王，这段时期的应天府基本是沿用旧城建筑，没有进行较大规模的规划建设活动。

元至正二十六年（公元1366年），即朱元璋称帝前两年，天下大局已定，元朝统治的覆灭指日可待，这时朱元璋开始为称帝登基做准备，便下令建造新宫，从此，明都应天首次进入规划建设的高潮时期。在规划新宫时，由朱元璋的谋士刘基卜地，挑中“蟠龙”钟山之前的一块地段，这里原是燕雀湖，地势十分低洼，为改造这块“风水宝地”，朱元璋调集民工几十万，“移三山，填燕雀湖”，终于在一片低洼之地建起新宫。所建的皇城与宫城继承了传统的规划格局。皇城的总体布局大都为以后的北京建筑所承袭。这一时期明太祖亦开始改筑闻名于世的应天府城垣，新的应天城沿用南唐旧城的西、南二段，并沿外秦淮向东向西延伸，“据岗垄之脊”转而合拢于一起。城垣全长六十六里有余，整个城区范围是“东尽钟山之南岗，北据山控湖，西阻石头，南临聚宝，贯秦淮于内”。京城城门除将南唐都城的南门、大西、水西三门更名为聚宝、三山和石城门并加以扩建外，还在新城适当位置开凿了正阳、朝阳、太平、神策、金川、钟阜、仪凤、定淮、清凉、通济等十门（图3-7）。这一时期的规划建构为今后的南京古城奠定了最后的基础。

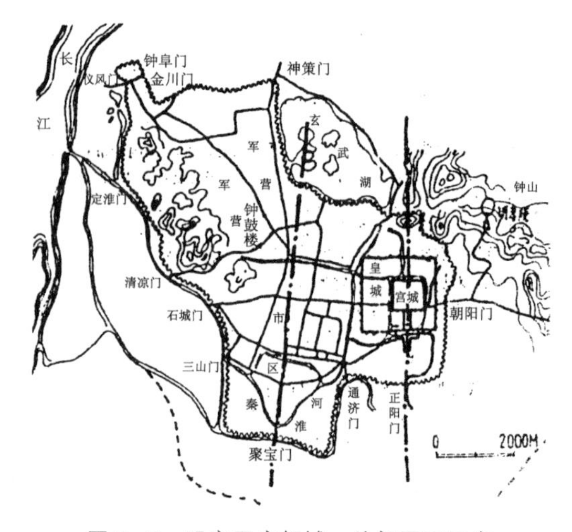

图3-7　明应天府都城、外郭平面示意

明洪武元年（1368 年），明军攻占了元大都，全国实现统一。明太祖这时感到建都南京太偏东南，而军事威胁主要来自西北，为加强对中原的控制，明太祖决定仿效古制再立两都，于洪武二年“诏以临濠为中都……命有司建置城池，宫如京师（即南京）之制”，并在建国之初，命应天为南京，开封为北京。至洪武七年（1374 年）因自然灾害和财政困难，明太祖又罢称北京，免中原之役，定南京为京师。由于建设力量的集中，又使南京进入第二次建设的高潮时期。在这一时期内，明王朝进一步修筑城墙，疏通河道，改造皇宫，新辟街衢。同时为了京师的安全，补京城尚未完全控制制高点之不足，太祖于洪武二十三年（1390 年）又令建造外郭。外郭周长一百八十里，辟有十八门。外郭的建立更加完善了明都南京的城防体系，使明都规划建设达到了全盛时期。

从规划建构形式上看，明都应天的结构形态具有以下三个突出特点：

第一，城垣形制内外有别。明都南京共由宫城、皇城、都城与外郭四周城垣组成。其中宫城与皇城呈规整形式，而都城与外郭则适自然而变（图 3-8）。朱元璋从城市军卫防御的角度出发，将南京周围的山头，制高点尽围入都城外郭之内，利用天然地形，顺山垄、堤湖水系的走向之势而建筑。这种“因天材，就地利”的营造手法，可说是管子的“城郭不必中规矩”规划思想的体现。明都城、外郭这种不图形式、采取务实态度的规划设计，使城郭建设更能充分发挥其应有的防御作用。但明都城垣“打破常规”的做法并非出于主动，而是受地形的限制、建设规模的影响和利用旧都城的结果。如有可能，规划者仍会按照理想模式搞“王城居中”“三套方城”的都城布局。紧步南京之后的中都设计和北京规划就充分印证了这一点。另从其皇城、宫城规整布局的形式看，规划者对理想模式的刻意追求亦是显而易见的。明代南京这种既遵循“古制”（指宫城、皇城的规划设计），又不拘泥于“古制”（指都城城垣与外郭的规划设计）的处理手法是其规划建构的典型特征。

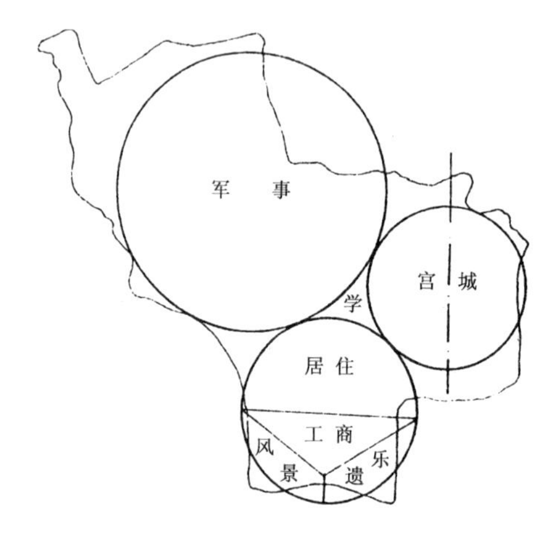

图 3-8 明应天府市、军、宫三区鼎立分布示意图

第二，城市新旧轴线并存。明代南京有两条并存的城市轴线。一条是旧城轴线，为六朝南唐所奠定。这条轴线北起鸡鸣，南指牛首，纵贯城南旧市。按元末布局，在这条轴线上大市街以南为旧市区，成贤街以北为六朝宫城故址，两者之间为新建区；另一条为新的皇城轴线，这条轴线与旧城轴线相平行，北起富贵山，南出正阳门。在该轴线上，规划者依照“匠人营国制度”进行规划安排。面朝后市、左祖右社等布局，基本上与古制相对应。有人分析，明太祖在兴建新宫时，完全有可能在六朝旧址重建新宫，这样既可保持统一的城市轴线，使宫城居城市之中，又可方便施工，节省人力财力[23]。但明太祖在宫城择址方面却没有完全从功利角度出发，他十分相信“六朝国祚不永”之说，怕因袭六朝宫城旧址而短其国祚，故经刘基等卜地，宁可移山填湖，在一片湿洼之地另辟新宫。从这种意义上讲，明代南京的规划设计并非皆从功利出发，虽都

城城垣适其自然的形式体现了功利主义的规划思想，但这并不表明其他规划内容亦以功利为依据，宫城的选址即说明规划者精神上的追求与寄托。另辟新的城市轴线，既不为旧市所阻，留有扩延之可能，又寓有鼎新革故，更朝换代之精神，也许这正是明太祖不依旧轴线、另辟新宫之本意。

第三，市、军、宫三区鼎立。从城市分区结构看，明都南京共由三大分区组成，即旧市区、军卫区和宫城区。三区分布呈鼎立之势，构成了一种独特的城市布局格式（图 3-8）。旧市区偏于城南，为历代发展积沿而成，其中包括居住、商市、手工、游乐等诸多内容，是明代南京从事经济活动主要地区；宫城区为明代南京规划之重心，虽其选址由“卜地”而定，含有一定的迷信色彩，但从其区位关系看，宫城区与旧市区之间避而不离，既可使宫城有广大的伸延余地，又可依托旧市取其生活之便。另从防御角度讲，宫城区远距江畔，而且背山依湖，确为安全之地。军卫区位于城北近江一带，当时军事威胁主要来自北方，军卫区沿江布设形成一道深厚的防线，进一步加强了城市防御的安全性。明代南京市、军、宫三区鼎立远不同于六朝时期城、市、镇的三区分立。六朝南京的结构形态为聚合型，而明代南京，因三大分区尽在城垣之内，已形成一个有机的整体，故其结构形态具有整合意义。

三、南京古城结构形态的演变分析

以上从规划角度分析了南京古城的建构历程，但就城市发展的客观规律而言，南京古城结构形态的演变亦有其本身的自律性。无论人类对城市发展进行怎样的干预，其自律性必然会反映在古城结构的演变中。下面我们即从规划建构与自发建构交互作用的角度来分析南京古城结构形态演变的客观规律。

（一）南京古城结构的演变分析

从南京地域最早产生自然村落，到南京古城发展成熟，南京古城结构的演变大致可分为城市的萌发、城市的聚合与城市的整合三个阶段。

1. 城市的萌发

远在三千年前，古秦淮下游的平川沃野上已开始有古人在此耕作生息。据考古发现的粗略统计，南京古代的广大地域中曾有古代村落两百余处，大体可分四个聚居区，最集中的是秦淮河流域，包括成百处的居民点；其次是南京西南沿江区，即沿今宁芜铁路一线，有二十多处；再次是以金川河流域经玄武湖到东北沿江地区，已发现二三十处；此外，大江北岸也有三十多处。可以说，凡是现在属于南京市范围的各区和郊县，基本上都有青铜时代的居民活动的聚居点。除自然村落外，在秦淮流域最早出现的人为聚落是冶城（图 3-9）。春秋时期（公元前 585—公元前 476 年），古秦淮介于吴楚之争的军事要地，吴王夫差出于用兵称霸的需要，于公元前 495 年，在秦淮北岸筑建冶铁作坊（今南京朝天宫后山上），铸造兵器，故称冶城。但南京地区第一座真正的古城堡是战国时期（公元前 476—公元前 333 年）由越相范蠡筑造的越城，当时越王勾践令筑越城，旨在“图楚”，“以疆威势”[24]以重兵驻守，故越城纯为军事城堡（图 3-9）。到战国中期，楚灭越，楚威王尽收吴越故地后，为巩固领土，“乃擅江海之利，因山立号”，在石头（山）处建金陵邑[25]（图 3-9）。秦始皇统一六国后，设郡县制，改金陵邑为秣陵县（县治在今秣陵镇）。汉代仍延秦制。到三国初期，吴王孙权改秣陵为建业，将丹阳郡治定于秦淮南岸（图 3-9）。至此，在秦淮两岸形成了一些大小聚落，从而奠定了南京古城的发展基础。

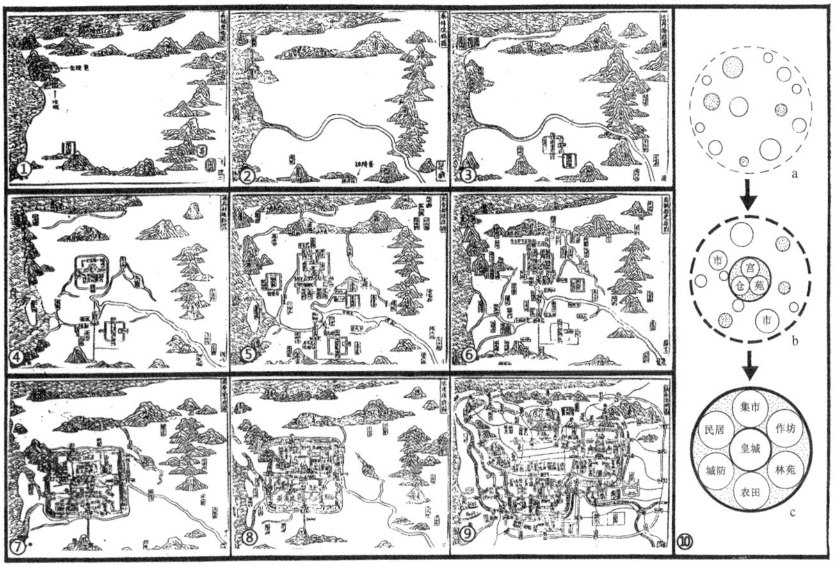

图 3-9 南京历代古城演变图

这一时期南京城市结构的特点是：规模很小，性质单一，聚落布局结构较为松散，不仅缺乏稳定的中心聚落，而且聚落之间亦缺少有机联系。故这一时期可视为南京古城的萌发时期（图 3-9）。

2. 城市的聚合

东吴时期（229—280 年），孙权迁都建业，在秦淮之北、鸡鸣山之南辟建新城。从其整个布局结构看，主城南对秦淮大市，有七里御道相接，西连石头要塞，以其为镇守。城、市、镇之间呈既分立又依存，若即若离之状态。到东晋时（317—420 年），晋元帝在建业的基础上虽对主城进行了改建，并在都城附近营造了西州城与东府城（图 3-9-5），但城、市、镇的布局结构仍保持不变。南朝历代亦相继承袭了这一格局（图 3-9-6）。

这一时期南京城市结构的特点是：主城突出，聚落分布相对集中，城市性状趋于稳定。城、市、镇不仅规模扩大，而且它们之间亦建立起一种相互支持的紧密关系。从城市结构上讲，城、市、镇之间已经形成松散的整体。故称六朝为南京古城发展的聚合时期（图 3-9-10-b）。

3. 城市的整合

公元 590 年，隋文帝灭陈后，将建康城邑荡为平地，改作农田，仅保留石头城作蒋州州治。直至南唐时期（937—979 年），烈祖李昪才再改金陵为都城。南唐的筑城范围向南位移了一定距离，把六朝时期城里城外的居住区、工商区及军事要地都包入都城之内（图 3-9-7）。至宋元两代，这种城市格局未有变动（图 3-9-8）。明朝时期，太祖朱元璋采纳老儒朱升的建议[26]，筑建应天新城，新城垣几将历代城、市范围尽收城内，使都城中不仅包含宫城区、居民区、工商区和军卫区，而且还包围了大片农田，使都城功能更加完备，抗御侵犯的能力得到了更大加强。应天府新城的建成，标志着南京古城的发展已达到相当成熟的阶段。

这一时期城市结构的特点是：从南唐到明清，随着城市规模的扩大及性质的改变，城、市、镇结构从相对独立的聚合形式发展成紧密相连的整合形式，真正成为一个有机整体。这一时期即可视为南京古城发展的整合时期（图 3-9-10-c）。

4. 制因分析

以上阐述的只是一种历史现象和规律，在南京古城结构从松散到聚合再到整合发展过程的背后，必隐含着深层制因，即每一历史时期社会、经济等背景因素对城市结构变化的影响。

春秋战国是封建领主制经济大力发展与诸侯争霸的时期。据《左传》记载，春秋时期就有一百四十多个诸侯国，各诸侯国为能在弱肉强食的环境中求得生存，相互倾轧与吞并，致使社会动荡不安、战争连绵不断。如《春秋》所记：两百年中就发生过军事冲突近五百余次。在这一动荡的社会背景中，古秦淮作为吴越楚交界而成为兵家必争之地。当时在此筑城造邑多出于军事目的。冶城、越城与石头城等人为聚落都是当时战争的直接产物。另因长期战乱，秦淮地区自然聚落的形成与发展亦受到一定程度的限制，尚未形成中心聚落，故在春秋战国乃至秦汉时期，南京地域聚落是以自然村落和军事城堡为主要构成。在宏观上，城市结构呈松散分布和相对孤立的初始状态。

三国时期魏、蜀、吴的三足鼎立与东晋、南朝时的南北对峙，使建业、建康获得了偏安局面。各封建王朝为巩固其统治地位而修城建宫。由于社会环境的相对稳定，水运发达、交通便利的秦淮商市亦得到较大发展。经济上的繁荣加强了“城”“市”之间的联系。但因偏安之都仍受北方潜在的军事威胁，在国力有限的条件下，“筑城以卫君”的规划观念仍作为筑城的主导思想，所建都城仍以君王为本，继续保持其单一政治中心的特征，而一般民居与集市尚未纳入都城之内[27]，因而六朝时期城、市、镇的结构关系仍保持既相互联系又相互分立的聚合状态。

经过六朝长期的发展，秦淮两岸贸易日趋发达，商品经济的繁荣促使商市范围不断扩大。据记载，建康时期秦淮两岸的大小商市就有一百多个[28]。到南唐时期，“市”的地位更为重要，逐渐成为“都城”赖以生存的组成部分。在这种背景下，南唐金陵的规划建设终将城、市合而为一，同时亦把军事要塞揽入城内，从此南京“城”一改只作政治中心，开始成为兼备经济职能的城市。“城，以盛民也”可表明这一时期筑城观念上的转变。

到明朝时期，城市规模得到更大的扩展，城、市、镇合一的结构特征保持不变。唯与前朝不同的是，明都城内围有大片农田，以此作为备战屯兵之用。明朝曾实行军屯制度，朱元璋有令“天下卫所，一律屯田”，而明初南京城内驻军近二十万，相比之下，都城所围农田对军屯来讲还是很有限的。

综上所述，可以得出这样的结论：南京古城结构发展演变的内在制因取决于社会、政治与经济深层结构的变化。每一时期社会、政治、经济的发展水平决定了该时期的城市性质。而城市性质在很大程度上又决定了城市结构的基本特征。

（二）南京古城形制的演变分析

城市形制与城市规制在涵义上有所不同。城市形制是指城市在人为建构与自发建构共同作用下形成的具有明显特征的一种定式，而城市规制则指城市规划者按照人的主观意愿与习惯制定的一套理想规划制度。因此可以认为，城市规制在某种意义上是存在于人们头脑中的理想形制，而城市形制则是城市规划的客观反映。

考察南京古城形制的发展，可从城垣形态与城市空间组织形式两个方面进行研究。

1. 城垣形态的演变

这里所讲的城垣形态主要以都城形态为主。根据历代史志与图考，我们可将南京古代城垣形态系统整理并排列出来（图3-10）。显而易见，南京古代城垣形态的演变可分三个阶段，其中每一阶段都以一种基形为代表。

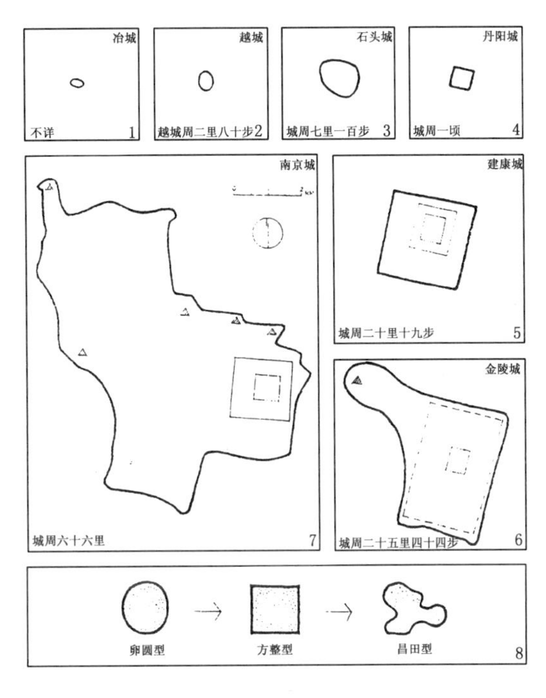

图 3-10 南京古代城垣演变过程

第一阶段为春秋战国时期。这一阶段的城垣形态多呈卵圆形式（图3-10）。春秋战国时期筑城目的主要是为军事上的攻守需要。从纯粹的城防角度出发，城垣形式“不应当设计成为方形的或突出棱角形的，而应当设计成圆形的，以便能从各处观望敌人，如棱角突出，防卫就困难了”㉙。虽然这段议论出自于古罗马筑城术，但作为一种普遍原理同样也适用于古代中国。另外，春秋战国时期的筑城材料多以土木为主，用砖石筑城是东晋以后才有的事。用土木筑城时，为能强固城垣，墙角一般多被抹圆。同时为了用最少的材料围出最大的面积，圆形当然是理想的筑城形式。据清代《秣陵集》所记，古秦淮流域的固城、平陵等城堡皆具卵圆特征；在春秋战国属吴越之地的淹城城堡亦呈卵圆形式，其城垣遗址至今仍历历可考。关于南京冶城、越城等古代城堡，虽然史志对其形式记述不详，但根据同代例证与推断，可以认为南京早期城堡多呈卵圆形。

第二阶段为六朝时期。六朝阶段的都城形态呈规整矩形（图 3-10）。自从南京作为六朝都城后，筑城性质已从军事城堡转变为“以君为本”的政治中心。为突出皇权的至高无上，严明社会等级，筑城者刻意用城市规划建设的规整有序，来体现封建礼制，烘托君权至上。东吴孙权在金陵建都，即仿东汉洛阳形制，将城垣形式建设得比较规整。东晋之后，都城内部结构虽有调整，但都城规整形态却始终保持不变，直到杨吴时期“九六城”形制才被打破。

第三阶段为南唐至明代时期。这一时期的城垣形态呈不规整形式（图 3-10）。南唐时期是南京古城开始城、市镇合而为一的时期，因秦淮大市与石头城堡围入主城，城市规模随之而扩展。由于城市规模的扩大，筑城面临问题也就更加复杂。在自然环境的约束下，筑城者不得不因地制宜，随山形就水势以实现城、市、镇合一之目的。但从大体上看，由于南唐金陵府城区范围尚未大到一定程度，故城垣形态仍隐略带有传统规整形式的痕迹（图 3-10）。但到明代，城区范围更加扩大，为满足城市防御需要和适应地形条件的变化，明代都城彻底采用了自由形式。

以上分析可以看到，除社会经济的发展水平和城市功能、性质是影响城垣形式的深层制因外，城市规模、地理环境及筑城手段等则是决定古城形式的直接因素。一般来说，城市规模越小，地理条件越简单，城垣形式就越可能按筑城者头脑中的理想模式进行建构；反之，城市规模越大，面临地理环境越复杂，采用的城垣形式也就可能越不规整。

2. 空间构成的基本形制

六朝以来，南京作为偏安之地，前后有近十次王朝在此建都。每经更朝换代，南京古城常伴有建而被毁，毁而又建之反复。在每次“反复”中，无论筑城的规模与形态有多大的变化，其城市空间构成的基本形制都是一脉相承的，即层层城垣都是以皇宫大内为中心围绕而筑，形成一种所谓的“实心”形制（图 3-11）。南京古城的这种基本形制，实际上是中国古代城市基本形制的一个缩影。汉魏的洛阳、北宋的汴梁、南宋平江府、元大都、明中都等都无不以皇宫或官府为城市中心，体现出“实心”形制的基本特征。这种“实心”形制与西方古城形制相比可以发现：东西方古城形制恰恰相反，正如日本学者芦原义信概括的那样[30]，它们是正反颠倒的一对图式（图 3-11）。中国古城空间构成的基本形制之所以不同于西方古城，从客观上讲，关键取决于地理环境与社会形态的根本不同。

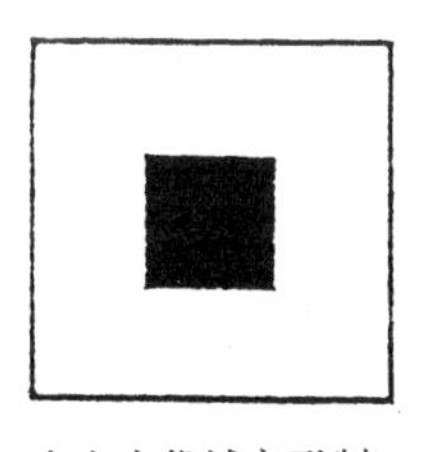

东方古代城市形制

西方古代城市形制

图 3-11　芦原义信概括的两种古城形制

中国地理环境是一种半封闭的温带大陆型环境，适宜的温带气候与丰润的平原土地最适合农业经济的发展。故中国古代先民早在六千年前就开始在中原地区耕作生息，并逐渐形成一种“以农立国”的农业型社会。农业自然经济一个突出的特征是自给自足，追求平安的保守生活。但这种理想境界往往被部落或诸侯国之间的内部争斗，以及来自北方游牧势力的侵扰所打破。为了克服这些不安定因素，实现大和局面，社会的发展必然趋于实行大一统的专制制度，这样对内可保证社会的稳定，对外则有更强的实力抵御侵略。因此可以认为，中国古代的小农经济是产生并支持皇权专制制度的土壤和基础。这种皇权专制制度在古代中国持续了两千年，从夏、商、周的分权君主制，到秦汉以后的专制君主制[31]，无不在政体上强调君主的地位与权威，而平民百姓只有俯首听命，没有参政议政的基本权力。这种封建集权的政治形态必然会投射在城市这一物质环境的层面上来，使得中国古代城市军事与政治中心的性质十分突出。无论是在城、市分立时期，还是在城市合一阶段，"筑城以卫君"的筑城思想始终置于首位，即使到了"城以盛民"的时期，市民也不过是为统治者服务的奴役者，他们只能安分守己，唯命是从，而绝无参政议政之权力，因此也更无供市民参政议政的中心广场可言了。

与中国古城形制相反，西方古城的空间布局多以广场为中心，呈现"空心"形制的基本特征。从古希腊、古罗马的城市，到中世纪的城堡大都是如此。西方古城以广场为中心的空间形制同样取决于其特有的社会形态。众所周知，西方古代社会是以共和制为主要政体，不论是希腊的民主共和，还是罗马式的贵族共和，它们都有避免集权与主张市民参政议政的共同特征。城邦制度与城市自治是古代共和制政体存在的基础，在这种社会形态中，其社会一般分为王室、贵族与平民三大阶层，其中平民阶层是共和制度的重要支柱，平民参政议政是城市生活必不可少的活动，因此为满足这种社会需要，城市必然会产生供市民集会的中心广场。到中世纪，教会成为城市生活的主要统治势力，城市中心广场又为宗教活动提供了场所。

从南京古城的发展过程看，虽然宫城随城市规模的扩展和功能的完善而偏离城市几何中心，但这种偏移绝非意味宫城重要地位的丧失，而只是"实心"形制的拓扑变形。因此，历代筑城皆是由内向外，先筑宫室后筑都城。如孙吴建业即是在太初宫（原桓王故府）的基础上围建而起；明代初期应天皇宫也是筑城前三年营造的。当宫城偏移后，城市中心并没被广场取而代之，因此说“实心”形制始终是南京古城空间构成的基本形制。

（三）南京古城的扩展轨迹

我们知道，古代城垣是划分城乡的明确界线。古城规模主要是根据城垣所包容的范围而定。因此，在探讨南京古城发展问题时，完全可以从城垣变迁轨迹的研究揭示南京古城的演变规律。

1. 南京古城的“跃迁式”发展

在人们的一般观念中，城市发展的动态模式是一个从小到大，由里及外，层层扩展的过程（即“同心圆式”的发展过程）。但当我们深入考察南京古城演变的历史轨迹时，却会发现其城垣的扩展并没有遵循这一规律，而是呈现以下三个特征：第一，都城发展缺乏一个稳定的核心。如宫城位置就存有四次大的变迁，城市轴线亦有较大摆动。第二，城垣轨迹相互交叠。如六朝建康城、南唐金陵城、明代南京城与六朝东府城城迹都有交叠现象。第三，城市范围时张时收，未能循序渐进，贯穿如一。如隋兵灭陈，颇具规模的建康城被荡为平地，另起蒋州于石头，人为破坏了南京古城正常的发展过程等等。为了有别于“同心圆式”的发展，我们试将具有上述特征的扩展称为“跃迁式”发展（图 3-12）。

这种发展方式并非为南京古城所独具，而是中国古城发展的一种普遍形式，如古代的北京、西安、洛阳、扬州等名城的演变无不呈现出“跃迁式”发展的基本特征（图 3-13）。与“跃迁式”发展相对应的另一种方式是“同心圆式”的发展，即城市是以一个基始聚落为核心，由小到大，由内而外层层向外扩展，西方古代城市的发展大都表现为“同心圆式”的扩展特征（图 3-13）。

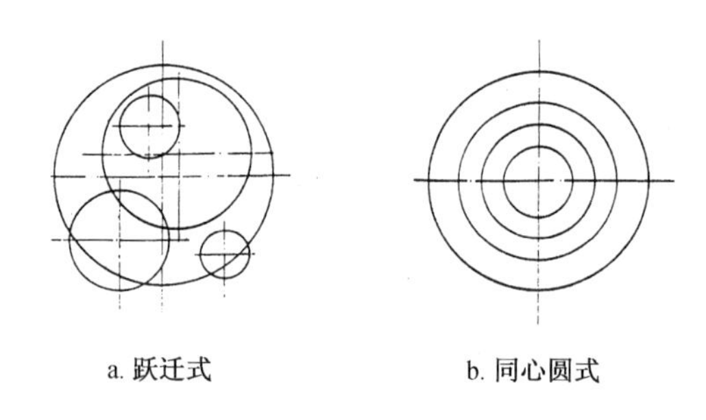

图 3-12 “跃迁式”与“同心圆式”发展模式

	城市	南京	北京	杭州	扬州	西安
中国古城「跃迁式」发展五例	扩展轨迹					
	年代	1.2.3. 春秋战国 4. 六朝 5. 南唐 6. 明朝	1. 辽代 2. 金代 3.4. 明代	1. 春秋古国 2. 隋朝 3. 元代	1. 汉代 2. 唐代 3.4. 宋代 5.6. 元、明、清	1.2. 周代 3.4. 秦汉 5. 随唐 6. 明清
西方古城「同心圆式」发展五例	城市	法国・巴黎 (Paris)	德国・柏林 (Berlin)	比利时・布鲁支 (Bruqes)	荷兰・埃姆斯福特 (Amersfoort)	荷兰・哈尔姆 (Haarlem)
	扩展轨迹					
	年代	1. 十二世纪 2. 十四世纪 3. 十八世纪 4. 十九世纪	1. 十三世纪 2. 十七世纪 3. 十八世纪	1. 十一世纪 2. 十二世纪 3. 近代	1. 十三世纪 2. 十四世纪 3. 十六世纪	1. 十一世纪 2. 十三世纪 3. 十五世纪

图 3-13 中西方古城不同扩展方式

2. 两种古城扩展方式的主要制因

造成东西方古城不同扩展方式的主要制因：扩展方式的制因很多，其中不同的社会结构与经济形态是产生这两种扩展方式的主要制因。

（1）社会结构的作用与影响

古代中国是一个充满战乱的国家，在其发展史上，国内的农民起义与外族的侵略几乎从未间断。在这片土地上不仅每年都有战争发生，而且每过二三百年就会出现一次周期性的大动乱。有人通过对这种现象的研究，对中国古代社会的发展提出一种“超稳定结构”的假说。此说认为：中国古老的社会结构能保持几千年，并不是在静态中保持的，它经历着一次次的崩溃和修复，周而复始，顽固地维持着旧有的社会结构，这样的社会结构便被称为“崩溃—修复型”的超稳定结构。伴随每一次大的战争和动荡，作为封建统治者的栖息之地——城市，一般首先会遭到摧毁性的攻击和破坏。正如李允鉌在《华夏意匠》一书中所述：“从项羽开了一个这样的像消灭敌人一样消灭前朝的城市的先例，其后就成为中国城市发展的一个特殊‘传统’，新的王朝兴起就兴筑新的城市，王朝的败亡，就连同作为国都一起被毁灭。”[32]古代南京虽然不是每次更朝换代都出现毁城重建的现象，但从东晋以来，南京历史上出现的苏峻之乱、侯景之乱与隋杨灭陈等战争，其都城或宫城皆有过被焚毁的经历。就是在近代，无论是太平天国起义军攻占江宁，还是清军攻克天京，南京城内的宫城王府都被焚毁重建，从有形的更替上充分印证了中国古代社会“崩溃—修复”的超稳定现象。这一次次“崩溃—修复”的不断重复使南京古代城市的扩展轨迹留下了“跃迁式”发展的鲜明特征。

以西方古城发展作比较，西方古代社会不像中国古代社会那样动荡不安，仅以农民起义次数来看，西方从公元5世纪进入封建社会后，到8世纪才有起义的记载，其农民起义不仅规模小，而且影响甚微，直到16世纪，西方最大的农民起义的参加人数也不过十几万人，与中国古代农民起义规模相比，可谓微不足道。由此亦可看出西方古代社会相对稳定，城市遭受破坏的机会也较少。因西方古城作为政治中心的性质不突出，城市并不会作为象征前朝旧代而被一起推翻和毁灭，所以，西方古城在一般情况下即使遭到侵犯，也很少出现焚城重建的不明之举。西方古代城市真正的统治者往往不把城市作为永久驻地，而委托管理城市的伯爵在其管辖区内巡回，“行政中心不是他们的衙署，而是他们本人，因此无论他们在城镇中是否有官邸都无关紧要”[33]。城市统治者的居所“如同皇帝的宫殿一样通常是在乡间”[34]。这样，城市就可免遭像摧毁前朝政权那样被彻底破坏之灾。另外西方古城还多为教会驻扎地，由于人们坚信“教权神授”之说，从而使得教会受到战争任何一方的尊重，因此城市教会以其特殊的地位拯救了城市，使之免于战争的毁灭[35]。在这种社会背景下，西方古城基址一般具有相对的稳定性，这也正是城市“同心圆式”扩展必备的前提条件。

（2）经济形态的影响与作用

古代中国是一个“小农立国”“重农轻商”的国家，历代王朝大都提倡“重本抑末”的理国之道。虽然中国古代经济的发展亦缺少不了商品贸易方面的活动，但其商品贸易都是以小农经济的自然交换为主，而重要的商品贸易活动主要为统治阶级所把持，统治者实行的禁权、土贡与官工业三种制度[36]，大大抑制了中国古代商品经济的正常发展，使商品经济的发展长期处于落后的局面。商品经济的落后使得城市的自发性扩展失去了动力，大大减缓了城市自发扩展的速度，使许多城市总是停滞在原有规模上。

而在西方，商品经济在其历史上占有重要的地位，城市是商品贸易的主要场所，商品经济的发达必然会促进城市的扩展。其整个过程是：商人为了寻求更好的市场，自然要向交通便达、贸易集中的城镇汇集，在汇集之初“商人们在城内得到一些空余地（原为耕地和园圃）居住或从事经营活动，后来随着聚居者的不断增加，他们中的一部分不得不定居于城墙之外”[37]。而商人及商品是最富有诱惑力的掠夺对象，所以自卫当然成为商人聚居地的迫切需要，他们通常先用坚实的木栅将聚居地围起，当移居地日益繁荣并达到一定规模时，他们又将木栅改为石墙，在商业活动发展的不断刺激下，城市即按照上述步骤一块块，一圈圈地向外扩展，由此形成了“同心圆式”的发展特征。

从南京古代城市的发展过程看，虽然南京的地理位置与环境对商品经济的发展十分有利，但因受社会经济形态的束缚，“城”的地位始终高于“市”的地位，直到南唐时期，“城”“市”才合二为一。南唐之后，经宋、元、明、清几代，原有“市”区的规模并没有得到甚大的发展，即使明代城垣有扩大，也是因政治上的需要与军事防御的原因所致，商品经济的发展对城垣扩展的影响没有像西方古城表现得那样明显。

注释

① 此十朝都城指孙吴建业，东晋、宋、齐、梁、陈之建康，南唐金陵（后改称江宁），宋立建康为行都，明应天府，及太平天国之天京。

② 贺业钜．中国古代城市规划史论丛[M]．北京：中国建筑工业出版社，1986.

③ 贺业钜．中国古代城市规划史论丛[M]．北京：中国建筑工业出版社，1986.

④ 西周时代建城之义即是建立一个以城为中心连同周围田地居邑所构成的城邦国家，故建城即等于“营国”。

⑤ 此处的“庙”为主体建筑物之意。

⑥ 柳诒徽．中国文化史[M]．正中书局，1947.

⑦ 贺业钜．中国古代城市规划史论丛[M]．北京：中国建筑工业出版社，1986：7.

⑧ 贺业钜．中国古代城市规划史论丛[M]．北京：中国建筑工业出版社，1986：60.

⑨ 关于六朝都城仿洛阳之制，《至正金陵新志》《金陵古今图考》《六朝故城考》等史志皆为此说。关于从“都门十二”的角度进行考证的问题可参见朱契．《金陵古迹图考》，商务印书馆，民国25年（1936年）（116）。

⑩ 杨正欣．六朝建康城——论其城市的规划体系及规划思想[D]．南京：东南大学．

⑪ 朱契．《金陵古迹图考》，“金陵大事年表”。

⑫ 朱契．《金陵古迹图考》，“金陵大事年表”。

⑬ 《建康实录》卷二。

⑭ 《建康实录》卷四。

⑮ 《建康实录》卷五。

⑯ “苏峻之乱”发生于东晋咸和二年至四年，历阳太守苏峻反，曾攻陷台城，逼迁天子于石头城，给建康建筑造成过较大破坏。

⑰ 《建康实录》卷九。

⑱ 《建康实录》卷九。

⑲ 前人有考建康“都门十二”之说，但没有正史为据。

⑳ 朱契．《金陵古迹图考》，“金陵大事年表”。

㉑ 参见《桯史 · 石城堡寨》。

㉒ 朱元璋为他的起兵是“上应天命”，而改集庆路为应天府。

㉓ 张泉．明初南京城市规划 [D]．南京：东南大学．

㉔ 参见清《秣陵集 · 图考》。

㉕“金陵”之来历是因楚威王“以此地有王气，埋金以镇之，故曰‘金陵’”。

㉖ 朱升曾向明太祖提出“高筑墙、广积粮、缓称王”九字建议。

㉗ 六朝时期，商业发达，建康都城内亦设有“市”，但城内之市，只是有为皇宫、贵族服务的“宫市”性质，而非一般百姓的交易场所。

㉘ 蒋赞初．南京史话 [M]．南京：江苏人民出版社，1980:27.

㉙ [意大利] 维特鲁威．建筑十书 [M]．高履泰译．北京：中国建筑工业出版社，1986:384.

㉚ 芦原义信的研究是对日本城下町（日本古代以诸侯居城为中心发展起来的城市）与西方中世纪城堡进行的比较，但其概括的结果亦可代表东西方古城的两种基本形制。

㉛ 分权君主制是地方分权牵制君主地位和权力的一种君主制政体；而专制君主制是指把一切国家大权最大限度地集中在君主个人手中。

㉜ 李允鉌．华夏意匠 [M]．香港：广角镜出版社，1984:384.

㉝ [比利时] 皮雷纳．中世纪的城市 [M]．陈国樑译．北京：商务印书馆，1985.

㉞ [比利时] 皮雷纳．中世纪的城市 [M]．陈国樑译．北京：商务印书馆，1985.

㉟ [比利时] 皮雷纳．中世纪的城市 [M]．陈国樑译．北京：商务印书馆，1985.

㊱ 禁权制度指封建国家对某些重要商品的生产或开销，完全由政府垄断，严禁私人经营。土贡制度指在封建王国的疆域内，各地将其所出物品向上纳贡，以满足统治阶级的需要。官工业制度指由官府经营的手工业制度，产品属统治集团自产自用，不面向市场。

㊲ [比利时] 皮雷纳．中世纪的城市 [M]．陈国樑译．北京：商务印书馆，1985.

第四章 现代南京城市建构过程的总体分析

相对于“古代”及“当代”，本书将“现代”界定在1840年至1949年范围之内，其中包括中国的近代开发及民国时期两个发展阶段。较古代而言，现代南京城市结构形态的演变进入了一个新的质变时期。从客观上讲，工业化的兴起和近代交通的发达，冲击和改变了城市传统的封闭结构；从主观上看，新的规划要求、新的规划思想及新的规划方法开始被广泛引用于实践。这是一个新的发展时期，同时，南京作为民国政府的首都，它的规划建设在中国城市发展史上亦占有重要位置。本章从近代南京城市结构形态的自构发展、现代南京规划建构的发端与实践以及规划建设的中断与恢复等几个方面分析论述现代南京城市结构形态的演变过程。

一、近代南京城市结构形态的自构发展

据史料记载，南京最早的现代规划活动始于1910年。但在此之前，南京在近代化过程中已出现了城市结构转化的自构现象，这种自构性转化在一定程度上反映了近代南京城市结构形态演变的客观规律及特点。

（一）南京近代化之肇发

鸦片战争之前，我国城市大都属于封建型城市，它们多是封建官吏、地主与商贾富人的聚居之地。在农业社会中，城市作为政治、军事、文化及传统工商业的地域中心，在政治上统治周围乡野，在经济上剥削广大农村，几千年来，城乡之间始终保持这种封闭式的封建关系，城市传统的功能、结构与形态几乎一直处于“超稳定”状态。古代南京作为封建社会的典型城市，其功能、结构同样不脱封建旧制的窠臼。

鸦片战争之后，在外国侵略者“船坚炮利”的强大压力下，腐败的晚清政府于1842年被迫签订了《南京条约》，割地赔款，实行五口通商，中国从此步入半殖民地半封建社会的发展阶段。随着外来势力的侵入，西方近代的工业文明与科技同时亦被裹挟进来，中国封建社会的政治、经济与文化的传统结构因此受到了强大的冲击与摇撼。但对南京来说，真正接受这种冲击是在第二次鸦片战争之后。1858年满清政府被迫签订《天津条约》，南京下关被辟为通商口岸，但由于受太平天国的影响，南京开埠之事暂被搁延。第二次鸦片战争使晚清政权遭受到更加严重的打击，这一时期，晚清政府外受侵略分子的欺辱，内临农民起义的压力，内外交困使之濒临崩溃的边缘。为了挽救行将覆灭的封建王朝，在统治阶级内部开始分化出一批“洋务派”分子。这些人认为，要想摆脱败亡命运，就必须提倡“西学为用”的治国之道，学习西方先进技术，开展“洋务运动”，以此达到强化国力，“安内攘外”，“以夷制夷”，进而达到支持和巩固晚清王朝的目的。

“洋务运动”的内容主要包括：制造枪炮船舰，兴办工矿企业和交通运输业，设立学堂，派遣留学生等。南京的近代化即始于“洋务运动”兴起之时。1864 年，太平天国失败后，洋务派主将李鸿章调任南京。李为了进一步发展其洋务事业，于 1865 年在南京聚宝门（今中华门）外西天寺废墟上建起金陵机器局[①]（图 4-1），从而开拓了南京近代工业之先河。近代工业乃近代之母，故金陵机器局的建立可被视为南京城市近代化的起始点。1871 年，李鸿章试办轮船招商局，在南京下关设建洋棚（即简易码头），又于 1899 年正式对外开设金陵关，由此进一步加速了南京城市近代的发展进程。

（二）城市自构演变的过程与动因

由于近代工业的兴起与下关被辟为通商口岸，南京城市的性质因此发生了转变，由过去的农业社会型城市开始向近代工业型城市过渡，封闭式的地域中心开始转化成开放式的商贸中转站。城市性质与功能的变异导致出南京城市结构形态新的演变。这种演化不仅反映于城市要素上的更新，如传统书院改为新式学堂，旧钱庄变成新洋行，小街道修成大马路，而且铁路、医院，电报、电话等新兴事业开始涌现，城市的空间布局因此而发生变化。根据不同的时期特征，近代南京城市结构形态的演变大致可分三个阶段。

第一阶段：洋务运动之始，在南京率先兴起的近代工业是军工业。继金陵机器局之后，南京又陆续兴建了金陵制造洋火药局、火箭局、水雷局、水师船厂等军工厂，从而奠定了南京工业最早的基础。到洋务运动后期，洋务派又提出“求强”“求富”并重的口号[②]，民用工业继而得到重视，于是南京又涌现出南洋印刷局、电线局、电灯官厂，胜昌机器厂、同泰永机器翻砂厂等近代民用企业。这些新兴工厂——无论是军工还是民用，大都分布于主城边缘、护城河畔等地带，城市用地渐成南向拓展之势，生活区与生产区成分化雏形，并隐现工厂环围主城新的空间格局（图 4-1）。

第二阶段：1872 年，从南京设筑洋棚起，下关地区始渐发达。1899 年开金陵新关[3]，中外商贾更是接踵而至，尽集于此。在这种情势下，下关原有设施已不敷用，于是开始盛兴码头、添建楼房、改拓街道和增加货栈的筑造活动。下关建筑面积因之骤增，市容、设施由此得到很大改观。这一时期下关市区主要向西沿江滨发展（图 4-2）

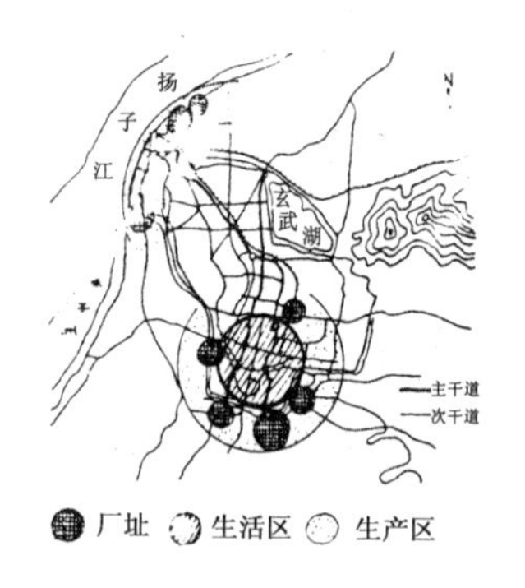

图 4-1　近代南京工厂选址分布图

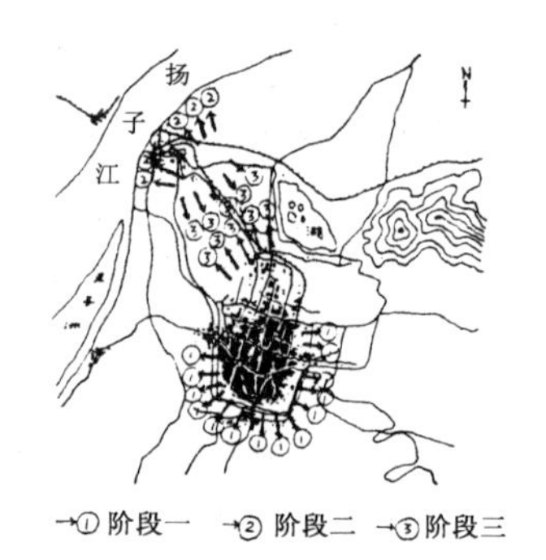

图 4-2　近代南京城市拓展的三个阶段

第三阶段：随着下关地区的逐渐繁荣及发挥的作用日益显要，于是加强主城与下关的交通联系势在必行。为此，当任两江总督张之洞于 1894 年在南京"创筑马车路"，"自碑亭巷出仪凤门，造铁桥于下关，以通洋棚"[4]（图 4-2）。1907 年，宁沪铁路通车后，当任两江总督又奏准朝廷，聘英人设计筑建入城铁路（图 4-2）。至此，马路及铁路已将下关市与主城区紧连在一起，"城"与"市"的陆上交通得到了很大加强。道路往往是城市向外拓展"辐射"的引导线，在聚落之间"磁吸力"的作用之下，主城与下关逐渐沿道联系整合于一体，它们之间的空地开始得到开发和利用，如 1910 年规模宏大的南洋劝业会场[5]即建立其间。另外，这一时期正处大办新学之际[⑥]，南京最早兴办的新式学堂，如江南水师学堂、实业学堂、三江师范学堂等亦多沿干道向城北地区发展（图 4-2），从而使主城区与下关相合之势表现得越发显著。

实际上，近代南京空间结构演变的三个阶段并不是一个绝然分开的过程，而是一种交叠演化的过程，即当下关发展时期，主城仍在不断演变；而在聚落相合时期，它们仍各自向外延展。上述划分只为标明每一阶段结构形态演变的总体趋势。

从近代南京城市发展的整个过程看，虽然近代南京的城市建设，部分是由城市主管者决策进行的，如修筑马路、铁路、营建大型公共建筑等，皆为官办促成，但从整体上讲，城市结构形态的演化并未受到长期发展计划的宏观指导与控制，城市的开发是局部渐进式的开发，因此，近代南京城市形态的演变，一般可视为由城市功能性质的变异而促成的自构过程。

（三）结构形态自构演变的特征分析

综观近代南京城市结构形态的发展，其演变可以概括为“先离后合”“先外后内”两大特征。

“先离后合”意指主城与下关在拓展方向上的前后转变。在前期，主城区的拓展以东南向为主，而下关市的拓展以西北向为主，两者的扩展趋势完全呈背离状态；到后期，主城与下关的拓展方向却转而相对，又渐露相合之势。总的来看，影响这一转变过程的因素有三个方面：一为地理因素。江河水道是影响近代工商业发展的主要因素，主城区南临外秦淮，下关市西面扬子江，两水道相对的地理位置决定了主城与下关早期相背的发展方向；早期工厂多沿秦淮而建，而早期的“洋棚”码头多沿长江而设，因此形成了背离发展的局面。二为交通因素。在陆上交通未发达时期，水上交通凭借其运量大，运费低的优势，而成为引导城市用地发展的主要干线，故在主城与下关之间未建马路、铁路之前，城市用地多沿江、沿河向外拓展；但当陆上交通建立之后，其便捷快速的交通优势又成为影响城市用地发展新的导向，如北城区的开发即在于此。三为建筑因素。显然，不同地建设内容对建设环境有不同的要求。近代南京最早的发展内容是军工工厂及商业码头，河道与水源当然成为其选址定位的首要条件。而到后期，城市建设的主要内容改为各种公共、文教类建筑，如教堂、医院、学校、洋行、车站等开始大量兴建，主城与下关之间的大片空地便成为它们新的选择，因为这一段不仅交通便捷（马路与铁路的建立），而且介于主城与下关之间，可获利于两端。故北城区渐成为南京近代后期开发新的主要地段。

“先外后内”是指城市发展由粗放式转向集约式的发展过程。近代南京发展之初，主要是向外辟建新城用地，建立对外交通网线。但当这种外围式发展到一定程度，城市内部旧的结构形态必然会在外力的迫使下随之更新，如主城区与下关之间的新式马路连通之后，主城内的道路系统对逐日增加的交通流量愈发显得难以适应，于是继“通下关大道”建成的第二年，当局又在城内修“新马车大路，自碑亭巷至通济门”[⑦]，1901 年建筑马路于贡院大碑坊，两年后又拓展到中正街至旱西门[⑧]。至此，南京近代城市道路的主框架业已形成。再如 1909 年“宁省铁路”入城后，便捷的交通吸引了大量的人流物流，从而给城市的内部发展带来了很大的导向性，商业中心渐有由城南向东北迁移之势（图 4-3），大行宫一带的繁荣即与“宁省铁路”的建立密切相关。

近代南京形成的城市结构形态无疑刻有时代的印迹，如在汽车时代尚未到来之前，人们对城市道路形式并无过高要求，因此近代南京的道路形态呈自然线型（图 4-4）；汽车时代开始之后，弯曲的马路即被笔直的大道所取代，这亦可视为城市功能决定城市形式的又一例证。再从城市用地角度看，虽然近代工商业的发展使城市分区渐露雏形（图 4-4），但其分区结构形态并不稳定。随着现代交通的发展与生产、贸易规模的逐渐扩大，城市分区结构又面临新的调整，如工业区的发展原以沿河为主，而后又向沿江一带集中，这种不稳定性亦是近代工业城市结构形态的一大特征。

图 4-3 近代南京商业中心的迁移轨迹

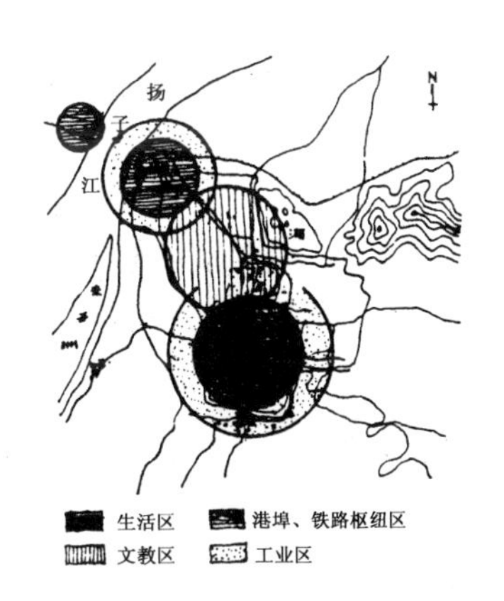

图 4-4 近代南京城市分区雏形

二、现代南京规划建构的发端

与古代城市规划相比，现代规划是从西方引入我国的一种新观念和新方法。不论是在规划的宗旨及思想上，还是在规划的内容与形式上，现代城市规划与古代城市规划之间都存在着根本的差异。南京的现代规划活动最早可以追溯到 1910 年。从 1919 年至 1926 年，即国民党政府二次奠都南京的前七年，规划者从不同层面上对南京都市的发展先后制定过三次规划方案。虽然这些方案并未得到真正的贯彻实施，但它们作为南京现代规划之发端在南京城建发展史上占有一定的重要位置。

（一）南京“新建设计划”（1919年）

辛亥革命后，封建军阀代替了满清王朝，军阀战争更是连年不断。当此形势，中国城市建设仍无多大发展。1919年，第一次世界大战结束，东西方贸易再度频繁，整个世界又开始面临新的发展契机。在这种背景下，孙中山为开创民国新局面、谋求国际之合作、共同开发落后的旧中国而专门制定出一部宏大的《实业计划》。在《实业计划》“建设内河商埠”的计划中，孙中山对南京、浦口部分地区做出了原则性计划（被后人称为“孙总理新建设计划”[⑨]）。虽然计划粗略，但从今天的角度看，“新建设计划”却具有现代规划的特点和意义，其具体内容为：

1. 计划调整沿江用地结构，重新安排长江航道、码头及船坞

孙中山计划：“吾尝提议削去下关全市，如是则南京码头当移米子洲（今江心洲）与南京外郭之间。而米子洲后面水道自应闭塞，如是则可以作为一泊船坞，以容航洋巨舶。此处比之下关，离南京市宅区域更近，而在此计划之泊船坞与南京城间旷地，又可以新设一工商业总汇之区，大于下关数倍。即在米子洲，当商业兴隆之后，亦能成为城市用地，且为商业总汇之区”（见一览图）。

孙中山调整沿江用地结构是以改善长江航道、巩固码头地位为出发点，当时下关一边陆地常以水流过急、河底过深之故而崩陷，主要原因在于此部分河道太窄，不足以容长江洪流通过所致。孙中山认为，要彻底改变这

种情况，就必须“以下关全市为牺牲，而容河流直洗狮子山脚”[⑩]。为此便对江边用地做了上述规划调整。

2. 议建过江隧道，加强长江南北交通联系

“新建设计划”认为：“南京对岸之浦口，将来为大计划中长江以北一切铁路之大终点。在山西、河南煤铁最富之地，以此地为与长江下游地区交通之最近商埠，即其与海交通亦然。故浦口不能不为长江以北省间铁路载货之大中心，犹之镇江不能不为一内地河运中心也。且彼横贯大陆直达海滨之干线，不论其以上海为终点，抑以我计划港为终点，总须经过浦口。所以当建市之时，同时在长江下面穿一隧道以铁路联结此双联之市，绝非躁急之计。如此，则上海、北京间直通之车，立可见矣。”

由此可见，提出连接南北铁路交通，当以孙中山《实业计划》为最早。虽然当时并不具备实现这一构想的现实条件，但在困难的环境下，计划者能高瞻远瞩、大胆提出长远发展之预想，也正是“新建设计划”的可贵之处。

3. 计划加强浦口新市基础设施的建设，为吸引国际投资创造条件

“现在浦口上下游之河岸，应以石建，或用士敏土坚结成为河堤，每边各数英里。河堤之内，应划分为新式街道，以备种种目的建筑所需。江之此一岸陆地，应由国家收用，一如前法，以国际发展计划中公共之用”[⑪]。

孙中山所提的新式街道，虽未针对浦口地形进行具体设计，但从《实业计划》同期规划设计的北大港来看，所谓新式街道则以方格网加斜交干道的结构形式为特点。

就上述计划的内容与形式而言，“新建设计划”构想之宏大，几近于“乌托邦”式之空想，但准确地讲，“新建设计划”，并非空想主义之规划，而是理想主义的具体体现。因为从长远来讲，计划的每一项要求都具备了实现的可能性。

（二）南京“北城区发展计划”（1920年）

当孙中山制定《实业计划》，试图削去下关全市的时候，正是南京下关商埠日益繁盛发达之际。南京督办下关商埠局[12]，从现实角度出发，为顺应南京城区用地的扩展趋势，进一步加强、改善主城区与下关商埠之间的联系而制订出一部“南京北城区（含下关地区）发展计划”。这是南京现代规划史上最早备有总图的规划设计，其内容包括“区域分配计划”（即用地区规划）及城市“干路计划”两大部分。

“区域分配计划”可以视为对现代分区制的一种引用。现代分区制发源于德国，其内容包括四个方面，第一是根据消防要求对建筑分区的限制；第二是用地功能分区的限制，如把城市用地划分为工业区、商业区、住宅区等分区；第三是界地范围的限制，如对建筑空地、进深尺寸，房屋离开街道缩退的距离等方面的控制；第四是对房屋高低的限制[13]。该“区域分配计划”并未完全按分区制的要求对上述四个方面进行充分计划的规定，而只从功能分区的角度对城市用地进行了大致划分。分区内容包括住宅区、商业区、码头区、铁路站场、公园公墓区、要塞区及混合区等八个方面区（见一览图）。这些分区大都是当时城市已经存在的用地内容，计划者只是在原有基础上进行了适当调整。少部分为重新划定，如玄武湖畔住宅区、公墓与公园区以及沿江拓展的码头区与工业区等。在城市用地面积的分配上，住宅区、公园区及工业区占有较大比例（见一览图），这反映出规划者受西方城市规划设计思想之影响（如“花园城”理论、分区理论）以及对城市工业化的重视与准备。在城市空间布局的安排上，城市的用地结构由内到外可简化为三层次，即生活区、过渡区及生产区（见一览图），其中最内层与最外层皆为城市自构形成的自然格式，中间几层为这次规划安排的主要内容。

在“干路计划”中，城市道路宽度被分为一百二十尺、一百尺、八十尺、六十尺、四十尺五个等级。其中主干道只设两条，一条纵贯南北权作北城道路的主干，一条为滨江大道。其他次要干道则纵横交错，网格不清，放射线不明，新旧路网生硬拼凑，道路构型极为紊乱（见一览图），但道路线型开始多用直线，这表明规划者对现代交通要求有了初步的认识与准备，可是在规划设计的处理手法上则十分粗劣，正如后人评曰：这是一次“不得其政、不得其法、不得其人”⑭的规划设计。实际上，这种批评主要是针对路网规划而言的。

（三）“南京市政计划”（1926 年）

1926 年民国建立之后，南京地方并未建立现代市政体制。从全局角度讲，城市建设仍处于“凡应兴应革事宜，公家不暇兼顾，而地方亦无专任机关为之谋划”⑮的被动状态。当这一局面持续到 1925 年春，政局稍有安定，南京各行各业代表才开始聚议现代市政建设问题。经过协商，代表们推举前省长韩国钧“筹备一面公订南京市政章程，上呈省署部备案”⑯，同时决定组建“南京市政筹备处”，命该处负责制订南京城市发展计划。“南京市政计划”即为筹备处的一项工作成果，该计划由筹备处要员陶保晋主笔，于 1926 年“幸东南奠定”之际拟成。

“南京市政计划”属于综合性计划，其内容包括市区规划、交通计划、工业计划、商业计划、公园计划、名胜开发计划、住宅计划、教育计划、慈善公益计划、财政计划等十方面。

交通计划是“南京市政计划”的首要内容，这项计划又细分为：（甲）规划干路以利交通；（乙）修神策路以通车站；（丙）兴办环城电车；（丁）疏浚秦淮河道；（戊）开辟城门以利交通；（己）填筑下关江岸以兴商业等六个子项。这次道路规划完全是在“北城区干路计划”的基础上略加调整完成的（见一览图），故北城区路型大致保持了前规划的基本结构，而城南旧区道路则未计划拓宽和调整。这次计划新辟与修整道路共 28 条，总长 233 里，路宽亦分五级（同“北城区发展计划”），整个交通规划是以完善内城路网，加强内外联系及提高交通效率为目的的。

在工业用地规划方面，规划者认为，“工业之盛衰全视水陆交通便利与否以为断”[17]，而下关沿江一带，除金陵关以上浅水江岸不能停轮设厂外，自老江口以下至观音门沿江一带江岸水深、滩地广阔，这里既可停泊大轮直接出海，又可衔接津浦沪宁铁路而便运输，规划者故择此地作为建厂最佳地段（与“北城区发展计划”基本一致），计划在东、西炮台地方设大型电厂，以供自来水厂、电灯公司等厂之用（见一览图）。

关于公园、名胜计划，规划者从整体角度考虑，计划在全市范围内兴建五大公园和五大名胜，即东城公园（试利用明故宫古迹适加修葺促成）、南城公园（试利用贡院及夫子庙一带加以点缀布置）、西城公园（试利用清凉山龙盘虎踞关、随园、古林寺一带山林风景）、北城公园（计划利用鼓楼公园而推广至钟楼、北极阁、台城一带）、下关公园（计划利用静海寺外三宿崖风景区建成），以及秦淮河、莫愁湖、雨花台、玄武湖与三台洞寺五大名胜。

在住宅用地计划方面，规划者为“使下关住居移居城内”[18]而拟将三牌楼海陵门、双门楼至丰润门（今玄武门）一带辟为住宅区域；对于城南旧居住区，规划者认为“城内住宅则已积习相沿，不易改进”[19]，故拟就原皇城区为新宅区，并要求“一律规定图式，分配地段、辟路种树，合资建筑，以为住宅之模范”[20]（见一览图）。

“南京市政计划”不仅确定了规划的内容与形式，而且对规划方案实施的手段与程序也做了必要的考虑，甚至对投资来源，施工的人力、物力等具体问题也做了安排。如关于筑路经费，计划者提出仿照京师市政公所[21]的办法“以车捐担保借款，而便兴工”[22]；又如对秦淮河道的疏浚工程，计划者建议“兵工助力，官款助资”[23]，以补市政人力、财力之不足。由此可见，“南京市政计划”在整体上要比前两次计划制订得更加深入和完善。

（四）三次计划的分析比较

南京“新建设计划”“北城区发展计划”及“南京市政计划”都是南京作为国都[24]之前早期制订的具有现代意义的都市计划。从历史角度讲，这三次计划尚处于南京现代城市规划的起步阶段。

首先，从规划的出发点和目的来看，“新建设计划”是以整治长江航道、建设沿江商埠为出发点，以改善南京长江沿岸的城市环境为目的。计划者是站在统治全国的高度制订这一计划的，故“南京新建设计划”仅属一种原则性计划。“北城区发展计划”是以加强下关与主城区的空间联系为主要出发点，以开发建设北城区为目的。由于计划者是以实现条件为基础来思考新区开发问题，因此“北城区发展计划”比“新建设计划”具有较大的现实性与可行性。“南京市政计划”是从全市区角度考虑问题，计划目的在于改善城厢内外联系以及主城区的城市环境，因此，“南京市政计划”面临的问题更复杂，更需顾及城市发展的整体关系。概括三次计划的中心任务，则为：“新建设计划”主要是解决新区开发问题；“北城区发展计划”着重解决新旧区关系问题；“南京市政计划”则主要解决旧城改造问题（图 4-5）。

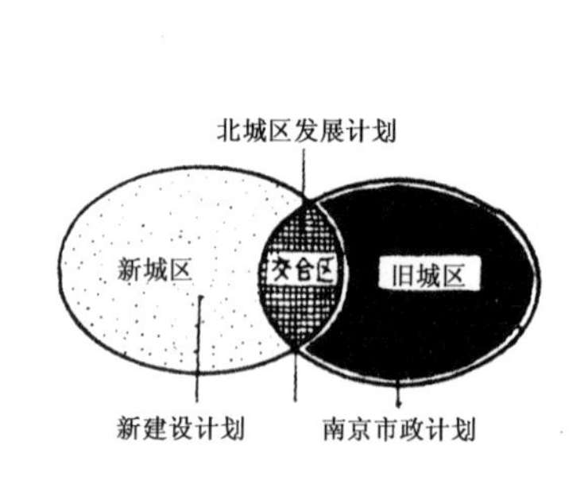

图 4-5　三部计划的规划重心示意图

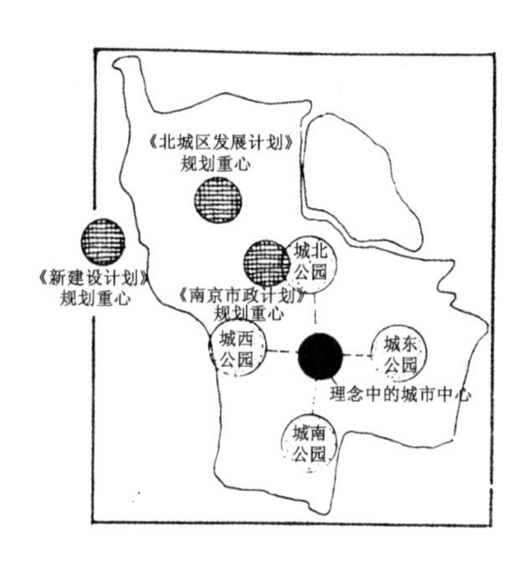

图 4-6　三次计划的空间重心及规划者理念中的城市中心

其次，从规划的范围与重心来看，由于三次计划的中心任务有所不同，故每次规划所决定的空间范围与重心关系都有所不同。“新建设计划”的空间范围主要集中在沿江两岸，其规划重心偏下关之南、主城区之外，规划意图并没真正涉及主城区；“北城区发展计划”的空间范围横跨新旧城区，规划重心于北城之内；“南京市政计划”的空间范围第一次广及全市，其规划重心由北城新区移向城南旧区，虽然规划范围远超城厢之外，但从东西南北公园的分布来看，规划者在观念上仍留有将城南旧区作为中心区的印迹（图 4-6）。

最后，从规划建构的形式来看，“新建设计划”的规划建构比较粗略，只限于文字描述，无具体图形可言，在分区关系上建构比较明确，但在城市交通结构上未做具体规定；而“北城区发展计划”与“南京市政计划”的规划建构则较为具体，且“南京市政计划”是在“北城区发展计划”的基础上发展完成。比较两者不难发现：两者除在大框架上基本一致外，“南京市政计划”又在分区与道路结构上做了适当调整。在分区方面，原计划设于玄武湖东岸的住宅区被后一计划改置于城内原皇城之处；在道路方面，规划者取消了几条有碍路网秩序的线路，并将原纵贯城北的中心干道降为次干道，而把连接下关与主城区的“马车路”拓宽为全市的主干道（见一览图），从强调开发北城区道路为主，改为加强主城区与下关之间的干道联系。这两方面的调整足以表明：“南京市政计划”比“北城区发展计划”更趋于保守，也更具有可行性。

（五）三次计划对城市结构形态发展的影响

1919 年至 1926 年间，由于受国内外政治、经济环境变化的影响，南京最早制订的三次城市开发计划，因政局不稳、财力匮乏而未能得到有效的实施。在此期间南京城市建设十分缓慢，城市结构形态保持着近代发展形成的基本形式。可以认为，这一时期规划建构并未对南京城市结构形态的实际演变产生多大影响。

但从长远发展的角度看，这三次计划的部分规划构想与设计意图则被后来的城市发展计划有意或无意地沿承下来，并在某种程度上间接地得到了贯彻和执行。

如南京“新建设计划”即被南京国民政府奉为开发建设南京的最高宗旨，在1927年以后，南京制订的历次城市计划，都多多少少贯穿了孙中山南京“新建设计划”的基本思想或意图。《首都计划》是民国时期制订的最完整的一部城市计划，该计划主要继承了孙中山的规划思想，不仅按照“新建设计划”的意图将下关以南、江心洲与南京外部之间划为“工商业总汇区”，而且亦具体设计了过江隧道（见一览图），并对浦口地区进行了详细的规划设计。但由于孙中山的规划构想完全是从必要性及理想性出发，其最终的规划建构与现实发展的偏差甚远。就今天的发展而言，孙中山构想的过江隧道已被长江大桥所取代，规划确定的工商业区正发展成为居住生活区（南湖新村等）；“下关全市”不仅未被削除，而且其发展地位得到了巩固；“新建设计划”定浦口作为吸引国外投资的新开发区，现已作为南京高科技新开发区，等等。由此可见，孙中山南京“新建设计划”虽与现实发展有较大偏差，但其构想的合理部分却得到一定程度的实施和兑现。

“北城区发展计划”对南京城市的建设和发展也未产生多少影响，其规划的内容与形式基本全被“南京市政计划”所沿承。对照城市发展的实际状况，该计划对玄武湖东畔住宅区的安排及北城公园的选址定位，恰与今天锁金村居住小区（玄武湖东畔），清凉山、鼓楼、玄武湖等公园都一一对应。虽不能说这是执行“北城区发展计划”之结果，但从一个侧面表明“北城区发展计划”具有某些规划建构的合理性与预见性。

“南京市政计划”是这三次计划中最“短命”的一次计划，几乎在计划刚刚出台，便因国民政府奠都南京而被废置，因此也就谈不上对南京城市结构形态发展有多少影响，也更无计划的实施结果可言。

三、现代南京规划的建构与实践

1927年国民党政府奠都南京，这是南京市政走向现代化规划建设新的转折点。从奠都至抗战爆发的十年间，是民国南京从事规划活动最活跃的一段时期。在此期间，南京先后编制过两次都市计划和一次调整规划，抗战之后又重新制定了“计划大纲”。在国民党政府的统治下，当局从巩固其阶级利益的角度出发，通过这些规划活动，南京城市结构形态的演变亦进入一个新的质变阶段。

（一）“首都大计划”[25]（1928年）

“首都大计划”是民国南京编制并实施的第一部城市规划，它是在“首都计划”前一年制订形成的南京都市开发计划。“首都大计划”虽然不如“首都计划”那样广为人知，但它在南京规划建设史上发挥的实际作用确远比后者更为重要。

1. “首都大计划”的编制背景

国民政府奠都南京后即凭借在广州积累的市政经验，于1927年6月成立了南京特别市政府，开始负责南京市政的建设工作。在奠都之初，北伐战事尚未告结，全国政局很不稳定，国民党政府军费浩繁，财力维艰。当此之际，南京市政部门在缺乏资金的条件下，未能立即进行大规模的新都开发，而只能在老城区做一些修修补补的应急工作。南京初作国都，建设尚未展开，许多军政机关不得不散布于老城区内。在曲折狭窄的街区内，交通不方便，环境拥挤，城市规划建设的重心首先集中在城南旧市区内，如拓宽道路、修建市场、筹建自来水等基础设施，开辟小型游乐场、小公园等。与此同时，市政部门亦“彻底相度本市天然之形势，调查市民之习惯”[26]，为从事大规模开发都市做了必要的准备。

1928 年初，北伐战争胜利在望，训政时期即将到来[27]。当全国政局日趋稳定，人们才真正把注意力转移到首都建设上来。要进行现代都市建设，就必然要有市政计划。于是南京市府一面派人出国考察现代市政，一面筹设南京城市“设计委员会”。尽管当时市政财力仍很匮乏，但市政当局认为，“决不能因市库的拮据而把这重要工作搁置起来”[28]。为能尽早编制新都开发计划，市工务局率先进行了内容广泛的规划工作，最终打下了“首都大计划”的轮廓基础。在“设计委员会”成立并参与规划工作后，规划方案又几经修改，至 1928 年 10 月公布“划分市区”为止，“首都大计划”已易三稿，其规划建构的基本框架业已定形。

2. “首都大计划”的规划模式

“首都大计划”的指导思想是由当任市长何民魂提出的，具体内容是：“要把南京建设成‘农村化’‘艺术化’‘科学化’的新型城市”[29]。

所谓农村化是当时城市主管者对城市“田园化”的另一提法。当任市长在“第六次总理纪念周之报告”中提出：“最近各国都市主张田园市运动，所谓田园市，就是都市要农村化，因向来以工商业为生命，现代大城市居民的生活往往过于反自然，过于不健全，所以主张都市田园化于城市设施时，注意供给清新自然之环境，此不但东方学者有此主张，即欧美学者亦力倡其说”[30]。这里所提倡的“都市田园化”并不等同于霍华德“田园城市”的理论模式，而是当事者出于对这一理论的粗浅理解，并结合南京城市的具体条件提出的。正如市长所述：“我们为什么要它农村化呢？原来是中国是以‘农’立国的，农民占全民百分之八十五，农产品也极其丰富，首都是表现一国特殊精神之所在！所以我们一定要主张将首都农村化起来，而且南京有山有水，城北一带，农田很多，只要稍为建设，即有可观。”[31]由此可见，当事者所言城市“田园化”乃“农村化”的真正含义。

尽管“大计划”采用的规划思想并未直接套用霍华德的理论模式，但规划者在编制都市计划过程中，对园林设计的重视及大量采用低密度布局的规划手法却与“城市田园化运动”的基本意图是相吻合的。

所谓艺术化，在这里几乎是城市建设“民族化”的同义词。为此，规划者特意在“艺术化”之前加上“东方”二字作限定。规划者指出：“南京市的建设，不要单是欧化，把东方原有的艺术失掉，因为东方文化历史，不必模仿人家。”“不要按照巴黎或伦敦资产阶级化的都会式样，依样仿造”[32]。规划者提倡的是在城市建筑的样式上弘扬中国传统的民族形式及“国粹”精神。

所谓科学化，意指城市规划应吸取欧美国家城规建设的先进经验，考虑现代社会发展的新趋势与新需求，如工业的发展导致城市分区的明显化；汽车时代的到来对道路形式提出新的要求等等，这些都是当时规划者面临的新问题。另外，“科学化”的含义还包括在规划方法的改进上，强调从客观实际出发，尽量避免计划的主观性。在规划过程中“要用实际现状作基础，不能专以理学的推论作方法”[33]。较过去的规划而言，这一提法起码在规划观念上进了一大步。

3. “首都大计划”的建构内容与形式

“首都大计划”初稿于1928年2月完成。初稿内容包括分区与道路规划两部分。在分区规划方面，规划者考虑了七项分区内容，即：旧城区、行政区、住宅区、商业区、工业区、学校区和园林区。其中行政区与学校区是南京现代规划以来首次增添的新内容。作为规划首要内容的行政区被定于城内东北之隅，玄武湖西岸（图4-7）。规划者认为该处“地势平坦，处境幽静”，位于城北干道一侧，交通便达，而且这里亦地旷人稀，可节省投资，易于开发。为了促使这一规划意图得以实现，工务局还对行政区做了详细规划，对行政区的空间布局、建筑内容与形式都进行了具体设计；工商业区则“本总理遗教为大体计划”[34]而布设，同时对下关工商业区也做了详细设计；住宅区被划分为三处：一为旧城，二为“自狮子山至五台山于行政区、商业区中间地方”[35]，以此作为近期开发之地段，三为“东方临江群山之处”[36]，作为远期规划地段；学校区设计于城东明故宫旧址，此乃“风景优美、市嚣不侵”之佳处，与学校区的特点十分相宜。

在道路建构方面，该计划首次拟定了中山大道。最初设想的中山大道是由鼓楼直抵仪凤门（图4-8），规划的其他干道是，城南北区：①鼓楼至聚宝门，②鼓楼经成贤街花牌楼至益仁巷，③鼓楼经干河沿直落秦淮河；城东西区：①汉西门经大行宫到朝阳门，②汉西门经中正街至大中桥，③水西门经奇望街至通济门等（图4-8）。计划规定的道路宽度等级分别为：50 m、40 m、30 m、24 m。

初稿制定近半年后，市政当局又组织人力对其进行了修改调整。在分区方面，指定江浦及下关为商业区，以浦口下游及八卦洲为工业区，行政区位置保持不变，而教育区（原学校区）改在鼓楼至北极阁一带，清凉山地段定为居民区；在道路规划方面，中山大道被重新调整（现实的中山大道即以此为据），另又设计了子午路（图 4-8）。此即“首都大计划”二稿的调整内容。

“二稿”之后两个月，市工务局又对分区计划进行了重大调整。行政区改在明故宫旧址，学校区则毗连行政区北端而上，沿太平门向西北行至丰润门为止，东南至西华门。商业区分两处，一在中正街以北，鼓楼以南，东及东北与学校行政区相接，西迄朝天宫为止；一在下关商埠全部及城内三牌楼之一部分。住宅区则自神策门以西至朝天宫为止，西迄水西门、草场门至城根为止，东北与商业区毗连；八卦洲仍为工业区，等等（图 4-7），此乃“首都大计划”之三稿。

“首都大计划”虽前后易稿三次，但每稿都对南京实际的市政建设起到了指导作用。

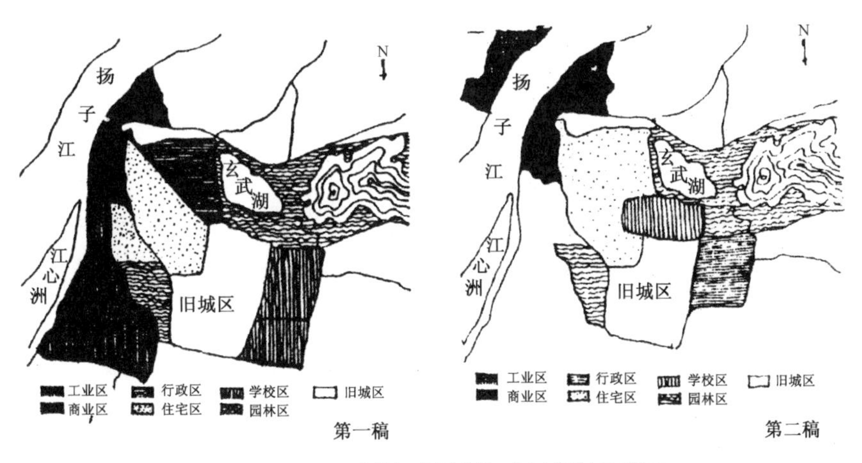

图 4-7 “首都大计划”分区规划示意图

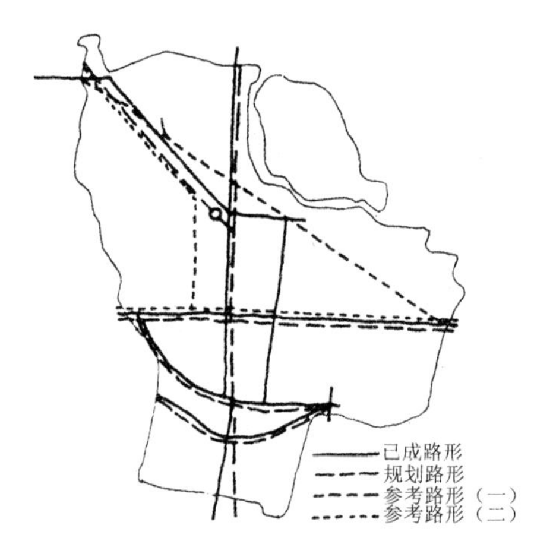

图 4-8 “首都大计划”干道规划图

（二）“首都计划”（1929 年）

“首都计划”是民国南京编制的最完整的一部城市规划。“首都计划”的制订不仅是南京规划史上的一件大事，而且也是中国城市规划史上的一件大事。“首都计划”的实际价值并不在于它的具体实践，而是在于它的理论及方法对中国现代城市规划发展的促进作用。

1. “首都计划”的编制背景

1928 年底，国民政府经北伐统一而告成功，开始筹备五院[37]，宣布训政时期已经到来。当此之际，国民政府方有“中外观听，于焉一新”之势。随着政局相对稳定及削减军费对国府财政压力的缓解，最高当局转而开始重视首都的市政建设。他们认识到，“一国政治之修明与否，必先视其地方自治进行之如何以为断。盖地方自治者，一国政治之基础，未有基础不立，而政治上可上轨道者也。而地方自治中，最足表现其成效者，尤莫如市政。故市政者，又基础之基础也。欧美各国，对于都市经营，莫不竭尽运用之妙”[38]。训政时期的到来正是将这种认识付诸实践的最好时机。尽管市工务局已编制出“首都大计划”，但受西方教育及文化影响的当政者已不屑于国内专家编制方案。他们为了装点门面，要将首都的规划建设提高到国际一流水准，就“不能不借材于外国”[39]。于是国民政府特委派当任财政部长孙科督办，制订新的“首都计划”，以国府的名义特设了“国都设计技术专员办事处”，该处具体负责国都设计的组织工作。至此，南京城市的规划工作已由市府主管上升为由国府直接督办的层面上。国府本着“用材于外”的原则，特聘请美国著名建筑师茂菲和工程师古力治“使主其事”，同时也聘请一些国内专家相助于侧。经过一年的努力，于1929年底“首都计划”终于脱稿并汇编成册。

2. “首都计划”的规划模式

同“首都大计划”一样，“首都计划”亦是本“总理遗教”作为规划宗旨编制的。但“首都计划”提出具体的规划思想则是：“本诸欧美科学之原则，而于吾国美术之优点”[40]作为规划的基本方针。表面上看，这种规划思想是折中主义的一种表现，即在规划内容上采纳欧美之科学，在规划形式上保持中国之传统。但实质上，“首都计划”的规划模式并不是一种简单的折中主义形式。便准确地讲，其规划模式为：在宏观上采纳了欧美规划模式，而在微观上采用了中国传统形式，即以欧美模式为主，以中国传统形制为辅。

在运用欧美模式的过程中，规划者并未简单照搬欧美模式，而是采取三种态度分别加以对待。

其一，对在欧美得到实践检验、具有普遍实用价值的规划模式，规划者采用照搬的方法，直接将它们运用于“首都计划”的编制之中。如在道路、铁路的设计方面，有关具体规划形式及指标都直接借用了欧美规划的成功经验。其二，那些有一定价值，但与中国国情不符而不能直接适用于南京发展的欧美模式，规划者以灵活态度对欧美规划模式进行调整后再予运用。如在确定首都城市人口、城市分区用地时，一些指标大都参照欧美的规划指标并稍加修改而采用。其三，对在欧美国家实践后暴露出种种问题的规划模式，规划者以其作为反例，再从相反的角度提出新的规划观念和模式。如在城市道路的选型上，“首都计划”就力避“对角线式”的干道布局，规划者认为：此种路型“设之过多，不独交通上管理极感困难，且令多数地方成不适用之形状。美京之华盛顿，即犯此弊”[41]。另外，规划者提倡城市应以“平面发展”为主要形式，其理由亦是以美国纽约为反例提出的：“纽约市高大建筑物不良诸点，如降蔽日光之照射，妨碍空气之流转，火患时危险之增加，更不应发现于南京也”[42]。

无论规划者怎样应用欧美模式，从客观上讲，“首都计划”毕竟是以欧美模式为范本，对其直接引用或调整改进都是以欧美模式为基础的。

就具体形式而言，“首都计划”在城市空间布局方面，以“同心圆式”四面平均开展，渐成圆形之势[43]为理想模式。规划者明确提出应避免使城市发展呈“狭长之形”，还要避免“一部过于繁荣，一部过于零落”的非均衡发展。在道路构型方面，规划者一面在“首都计划”中引进了林荫大道、环城大道、道路环形放射等新的规划概念与内容，一面又以美国矩形路网为道路规划的理想模式。但对这种模式的运用也是有限的，一般商业区多采用“棋盘格式”，而行政区、住宅区、工业区等的道路形式取自然构形，以期达到“整齐中而带有变化之象”的规划目的。

所谓而于吾国美术之优点，则意在城市建筑形象上提倡“以采用中国固有之形式为最宜”。既使“因需用上之必要，不妨采用外国形式”的建筑，规划者亦要求“唯其外部仍须具有中国之点缀”[44]。如当时中央政治区、市行政及新街口、秦淮河景区的建筑设计都充分体现了上述规划思想与观念。

除上述内容之外，“首都计划”还在规划方法、城市设计法案、规划管理等诸多方面批判地借鉴了欧美模式，在规划理论及方法上为南京乃至全国的城规发展奠下了基础。

3. “首都计划”的内容与形式

“首都计划”分二十八项编制内容，其中主要包括人口预测、都市界定等基本依据的确立，中央政治区、市行政区、园林区、住宅区、工业区、学校区、交通用地等分区规划；还包括城内道路、市郊公路、铁路车站、港口码头、飞机场站、河流渠道等交通系统的整体规划；另外还包括城市供排水、电力配给等基础设施规划；最后还对有关城市设计法案、规划实施程序乃至投资款项的筹集方法都做了必要的设想与规定。

“首都计划”以百年为远期期限，以六年为近期期限（以训政时期为基准）；南京城市人口的百年发展以二百万人为限；首都用地面积规划约 815 km^2。

在分区规划上，“首都计划”仍将行政区规划作为首要内容进行考虑。与前次计划不同的是，“首都计划”将行政区细分成中央政治区和市行政区两部分，根据它们不同的功能要求分开布置和设计。规划者特别注重中央政治区的规划工作，他们借鉴当时国际盛行的将新都建在城郊之外的规划手法（如印度新德里和土耳其安卡拉等新都皆在郊外辟建），将中央政治区定于中山门外；市行政区由市工务局规划设计，其址定于全市中心傅厚岗上。定址于此，一为取其高地展示市府建筑之尊严，二为联系全市便捷，利于市府的市政管理（见一览图）。

工业区规划是根据孙中山南京“新建设计划”安排于沿江两岸，江南片为第一工业区，以发展不含毒、危险小的工业为主；江北片为第二工业区，为污染性工业的基地（图 4-9）。

商业中心拟在明故宫旧址处，这一规划安排目的在于引导全城向东发展，实现城市同心圆式向四周均布拓展的目的（见一览图）。

学校区规划基本保持现状，以鼓楼、鸡鸣寺一带为基础；住宅区规划分三等，以此满足社会不同阶层的需要；公园区规划构想宏大，除市中心设新街口公园之外，还计划以林荫大道联系全城公园，使之浑然一体。

在交通规划上，城内道路拟分干道、次干道、环城大道、林荫大道四种类型，其中主干道已基本建成或定形，次干道构形分区而定；环城大道拟利用古代城垣改筑为能行驶小汽车的“高架”道路，城垣内边拟筑林荫大道与相辅，供游人通行；市郊公路共设九条，以城市为中心向外放射，并以横路联络“状如蛛网”，“一方利于境内之交通，一方利于境外之联络”[45]（图 4-9）。

铁路规划考虑了新线铺设的走向，总客站位置的调整以及火车渡船、

图 4-9 “首都计划”分区规划及交通规划图

过江隧道的设计构想（图 4-9）。其中作为近期规划的客站选址，对整个计划影响较大。规划者仿效欧美模式，拟将总客站置于市中心位置——明故宫、富贵山之间，意在“促其为一优美繁盛之商业区域，与纽约中部铁路之总站，具有同一之效力”[46]（图 4-9），以此引导城市中心区向东迁移。

港口规划亦规模宏大。规划者以美国各大内河港如：休士敦、New or Leans Galvescon 等大港为样板，试将南京建为国际贸易港口。南京港分为下关、浦口两部分，下关港区规划并未按孙文意图削旧建新，而是在旧港位置改造修整。

飞机场规划设有红花圩、皇木场、沙洲圩及小营四处（图 4-9）。红花圩机场紧接中央政治区之南，平时作为民用，战时可作军用机场，用来保护政治区。皇木场机场定位于夹江之东水西门之西，规模最大，作为南京飞机场总站。在明故宫西南的原有机场有碍将来商业区的发展，故计划迁出。

关于城市上下水系统及电力供给系统的规划，规划者亦是参照欧美规划的有关指标、方式进行计划的。

（三）两部计划的分析比较

“首都大计划”与“首都计划”是民国南京规划史上最有影响的两部都市计划，虽然“首都计划”是在“首都大计划”的基础上制订完成（“首都计划”在编制过程中直接参考引借了“首都大计划”的部分成果），但因两部计划编制角度的不同，而使规划的许多方面存在较大的差别，其主要表现在以下五个方面。

1. 计划编制的层面不同

“首都大计划”是由南京市工务局主持编制，计划者由本国技术人员组成。作为国内专家，他们一般了解国情、联系实际，但规划视野较窄，缺乏现代城规经验。他们编制“首都大计划”是以贯彻市府意图为要旨，直接对南京市政当局负责。由于“首都大计划”的编制与管理环节紧密联系，因此计划可以得到直接贯彻和执行，计划虽然不完整，但却具有较大的实践性。

“首都计划”是由“国都设计技术专员办事处”组织编制，计划都是以美国专家为主事人，作为外国专家，他们不仅具有丰富的实践经验，而且对欧美国家现代规划理论及方法理解深刻、运用自如，但他们缺乏对中国国情的深入了解，规划构想往往背离现实条件并有失可行性。此外，计划者编制“首都计划”是以执行国府意图为宗旨，直接向最高当局负责。但他们忽略了计划的执行环节，由于工作上与市工务局缺少密切的配合，而使计划与管理相脱节，导致计划流于形式，大部分规划构想完全落空。因此，“首都计划”对南京城规发展的影响主要在于它的理论性。

2. 计划编制的过程不同

“首都大计划”的编制是在缺乏必要准备的前提下赶制完成的。整个编制过程具有被动的“动态性”。在不到一年的时间里，规划的思想、依据、要求等不断发生改变，而使规划方案几易其稿，一再修改很不稳定。从规划的内容及形式上看，“首都大计划”的编制缺乏一个严谨的推演过程，如不仅没有限定城市人口发展规模的规划标准，甚至亦未确定规划的具体期限，即使圈定了市区范围，但圈定的依据也是主观的，另外，行政区、商业区的规划设计从表面上看似乎深入详细，但其实质却只流于表现形式，并无严谨的推理与充分的依据。

与前者不同，“首都计划”是在充分准备的前提下，一次性制定完成的规划方案。从客观上讲，“首都计划”编制所处的社会环境相对稳定，规划依据改动不多，而且市工务局在编制“首都大计划”时做了大量的基础准备及尝试性工作，为“首都计划”的编制做了良好的铺垫；从主观上讲，“首都计划”是在美国专家的主持下编制的，整个规划采用了欧美最新的规划理论与方法，规划者从分析原始资料入手，确立基本依据，进行逻辑推演，使计划的编制更具有系统性与科学性。以人口预测为例，该计划论述道，“科学化之城市设计，关于人口某个期间内变化主趋势，必先从事于精审之研究，以为设计之标准。盖街道之如何开辟，港口之如何规划，电灯自来水之如何设备，疆界之如何划分，以及其他各端，无一不有关于人口之数量，非先有了详审之估算，则种种计划，将无以臻于切当适用”[47]。由此可见，规划者对确立基本依据和规划推导关系的审慎与注重。概括起来，“首都计划”的整体推导关系如图 4-10 所示。

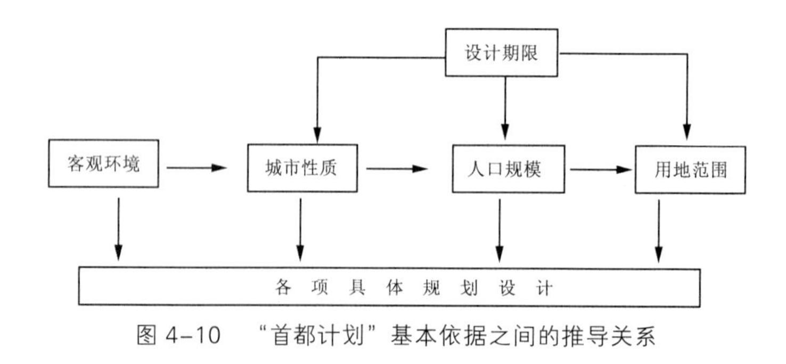

图 4-10 “首都计划”基本依据之间的推导关系

3. 规划重心与范围的不同

从规划的空间角度来看，“首都大计划”是以鼓楼作为规划的几何中心（鼓楼本是以城垣为范围的全市中心），来建构全市路网、界划全市分区，规划空间范围主要集中在以城垣为界的主城区内，顺应了城市发展的自然趋势；而“首都计划”放眼于百年之后，以超前的方式拟定城市中心于明故宫处，规划范围大大越出城垣之外，如中央政治区、机场、码头、工业区等城市的重要分区大都布于城外四周。从理论上讲，扩展城区规模无可非议，但就现实而言，因受政治、经济、军事等客观条件的束缚，“首都计划”确定的规划重心与范围却脱离了实际的可行性。

从规划的内容角度讲，“首都大计划”的规划重心及范围主要集中在城内分区，在路网建构的内容上忽视了城市与外部的各种联系，整个计划带有明显的“内向性”；而“首都计划”超脱出规划内容仅局限于城市功能分区的景观设计的传统思维，而特别强调城市与外部的交通联系，无论是陆上还是水上或是空中等各种交通形式，“首都计划”都制定出详细设计方案，赋予了规划以最新的时代内容，使整个计划具有突出的“外向性”特征。

4. 分区规划的比较

在分区建构方面，“首都大计划”本身经过几次大的调整，如将行政区从城北改至城东，工业区从沿江上游移到沿江下游，学校区从另辟新区集中发展改为在原有基础上扩充完善等等。可以说“首都大计划”的分区规划经历了较大的改动，但这一改动过程体现出从主观决策到尊重实际，从理想到现实的演变过程。“首都大计划”分区规划的特点在于：分区内容较为单纯，分区结构关系简单，分区形态比较完整。这一方面表明“首都大计划”编制的较为粗略，另一方面则是规划者所持分区观念的一种反映。

“首都计划”的分区规划，参照了前者分区规划的最终方案，但从整个分区结构上否定了前一规划的基本布局，如中央政治区的外迁，商业中心的东移，工业区再定沿江上游，计划改造旧城区等等，使分区结构关系发生了根本性转变。除此之外，“首都计划”分区规划的特点还在于：其一，分区的内容相对综合，在保持大的分区关系上，允许分区内容适当混合，如住宅区中包括商业、学校、公园等内容，工业区包含铁路、港口、住宅等内容；其二，分区结构趋于复杂，如规划的“商业走廊”、公园绿化网等不计分区限制网及全市范围，使各项分区贯于一起呈交叠关系；其三，分区形态零散多变。这些都是由规划深入、分类细致及不拘形式所致（见一览图）。

5. 路网规划的比较

在南京城规建设史上，“首都大计划”的最大成就即在于规划建构了横穿东西的中山大道和纵贯南北的子午大道，为南京现代城市路网奠下了框架基础。“首都大计划”的规划者虽在城市外向关系上缺乏高瞻远瞩，但在城市内部规划上却大有鼎新革故之气势。规划者在这种思想指导下，不顾传统路网之走向，大刀阔斧建构了新的干道构架。现代与传统的碰撞使中山大道的辟建工作承受了巨大的社会压力，但其路经之处为建成区边缘地段，拆建矛盾相对减少，而规划的子午大道向南直抵旧城稠密居住区，与旧有路网格格不入，故其构想甚难实现，后被“首都计划”所更改（见一览图）。

与“首都大计划”相反，“首都计划”虽宏图大略，许多构想脱离现实，但在路网规划上却特别强调尊重现状。规划者认为：“城市有新辟者及旧有者之不同。新辟之都市，全部殆属空地，道路系统可以随意规划，了无障碍，唯旧有之都市，建筑物密布地面，道路系统之规划稍有任意，牺牲必多，只宜因其固有，加以改良，一方既不背于适用之原则，一方复减少无谓之牺牲，斯为重要。南京原属旧城，名胜古迹散布各处，而城南一带，屋宇鳞次，道路纵横密布，其状如网，规划道路，本取后法。”[48]基于上述理由，“首都计划”调整了“首都大计划”制定的路网结构，改“全面更新传统路型”为“因其固有，加以改良”。将尚未实施的子午大道南段改向，以顺应城南旧路走势，减少辟建之困难，子午大道北段取消，断于傅厚岗前。上述修改可谓半功半过，对南段修正的确必要，但对北段的修改却有失长远发展的合理性与预见性（见一览图）。

（四）两部计划的深化与调整

在两部计划制订后十几年的规划实践中，民国南京再没编制过类似庞大、详密的都市规划。这十几年南京的城市开发（除八年抗战期外）基本是以这两部计划为参照，并在此基础上深化、调整后作为建设依据的。

1. 两部计划的前后关系

“首都大计划”与“首都计划”制订的前后，两者的关系产生过微妙的变化。当“国都设计技术专员办事处”成立，宣布组织编制“首都计划”后，原南京工务局制订的“首都大计划”被搁置一旁，一切计划决策权改属“国都设计处”，如在“首都计划”编制过程中，各项急需建设的市政工程都要得到“国都设计处”的过目与批准，甚至为了应付城市建设亟待解决的问题，“国都设计处”还颁布过应急计划，权作“首都计划”的一种暂时补充，“首都大计划”一时失去了原有的效用。

“首都计划”完成后，曾明文规定：“首都计划”由市工务局贯彻执行。但在此之前，“国都设计处”直属国府“首都建设委员会”，工务局与“国都设计处”已成平级关系。因此市工务局并没把未经国府批准的“首都计划”作为建设首都的基本依据，却仍以工务局制订的“首都大计划”为主要依据。这时“首都计划”与“首都大计划”之间仅仅存在一种“相互参证”之关系，“首都计划”因此失去了权威性。1930 年后，南京城市建设执行的都市计划基本是“首都大计划”与“首都计划”的调和计划，但调和计划的基本结构保持了“首都大计划”的主要特征。

2. 分区规划的调整

在分区规划中，“首都计划”将中央政治区置于城垣之外的布局安排，遭到了当局的断然否定。当局认为，在战争威胁仍然存在的非常时期，南京城垣仍有军事防御之功用，将中央政治区设于城外的规划布局过于超前，与时局不符。市工务局在领略最高当局的这种意图后，又重新对南京分区规划进行了结构性调整，将中央政治区再度定于明故宫处，终于恢复了“首都大计划”的原本之意。中央政治区定位的调整，自然要牵动城内分区规划结构的整体性改变。如原定于明故宫处的商业中心区改在新街口地带，而新街口公园区逐被取消。在这次规划调整中，同时还增添了军事用地、机动性发展用地等新的内容，并再次按“首都大计划”的原本规划，将学校区从住宅区中分划出来（见一览图）。从上述调整结果来看，调整规划与其说是对“首都计划”的补充和完善，不如说是对“首都大计划”的重新肯定。

在抗日战争爆发之前，随着日本军事威胁的日益逼近，南京市政当局为配合国家军事防御上的需要，再次对南京城市的分区结构进行了规划调整。扩大了主城西部的军事用地，加强主城沿江地段的军事设防，同时也相应减少了主城区的住宅用地和绿化用地（见一览图），这次分区规划的调整具有明显的应急性与临时性特征。

3. 路网规划的调整

“首都计划”编制的路网规划主要存在两大问题：一是中断直通城北的子午大道，使南北路网失去了合理衔接与联系；二是北城区路网建构繁杂，用地划分不规整，有碍城市用地的开发利用（见一览图）。基于此种原因，市工务局抵制了“首都计划”确定的方案，而在1930年南京公布的城市道路施工计划中，仍继续沿用“首都大计划”制定的原有方案（见一览图），“首都计划”完全失去了它的实际效用。为了解决两部计划之间的矛盾，南京市政当局决定重新调整全市路网方案，综合两部计划的合理部分，使路网规划建构得既合理又可行。在调整规划中，新建构的路网方案恢复了子午大道直通城北合理构想，同时也保留了顺应城南传统路网的建构形式。另外还对城北道路系统进行了全新设计，新拟路网为规整矩形，与子午路成45°夹角关系，可谓是对美国现代城市路型的直接套用（见一览图）。

4. 计划的深化

计划的深化具有两种涵义：一是对规划方案不断进行调整完善；二是对规划内容进行深入详细的规划设计。“首都计划”不仅得到了必要的调整，而且在调整规划的基础上，对中央政治区、市行政区、新住宅区等规划内容还进行了详细设计，使调整规划更为可行与合理。

新的中央政治区规划方案改变了几何图案式的设计手法，设计者采用

“由里及外”的新方法，着重强调功能关系。市行政区的详细规划也放弃了形式主义的设计手法，原方案是以子午路作为市府建筑群的对称中轴（图4-11），新设计的行政区缩小占地面积，改置子午路之右，主体建筑面西而建，使规划方案具有更大的现实性与可行性。

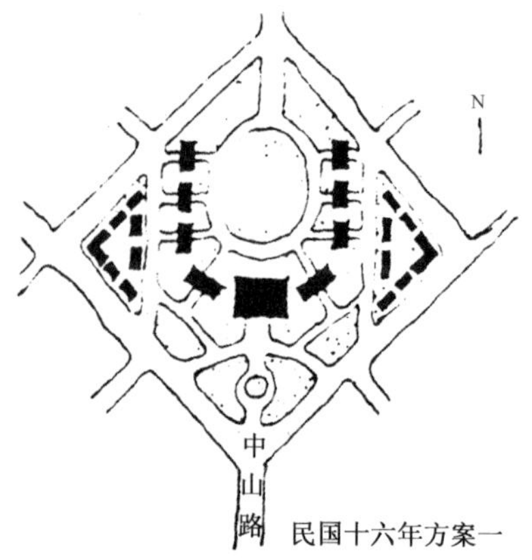

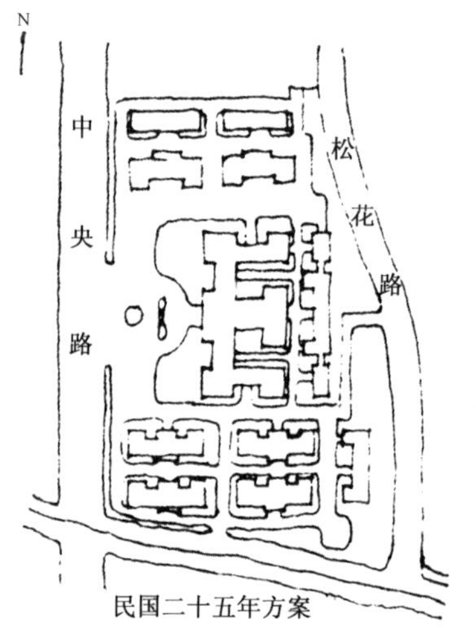

图 4-11　市行政区规划方案图

住宅区的详细规划包括高级住宅区、政治区的附属住宅区及劳工住宅区三个层次。高级住宅区是统治者从自身利益出发，择最佳地段所建的新宅区，该区定于三牌楼中山路之西、鼓楼之北，该地段不仅“有林泉之幽胜，而无城市之喧扰”，且该处多为农田便于开发。高级住宅区详细方案中充分考虑了学校、菜场、商店、公园、运动场、俱乐部及供水供电的配套设施，设计者虽然未以“邻里单位”作为设计小区的指导思想，但建构形式却反映了“邻里单位”的某些特征；其他职工住宅区或劳工区的详细规划则考虑了综合配套的建设问题。

调整计划的深化设计是全方位的，从分区规划到路网设计，从供电到供水，市政部门都进行了具体的设计安排。在深化设计过程中，设计者还对总体规划不断进行了修正补充。

（五）“南京市都市计划大纲”（1947 年）

“南京市都市计划大纲”是民国南京规划史上最后一部重要文献。它代表了南京战后规划的实践活动，同时亦反映了战后城规思想的某种转变。

1.“南京市都市计划大纲”的编制背景

1937 年“卢沟桥事件”后，为期八年的抗日战争终于爆发。在战争之初，作为一国之都的南京便成为侵华日军的进攻目标。1937 年 12 月南京沦陷前，敌机对南京市区进行了狂轰滥炸，发电厂、自来水厂、医院、电台、轮渡码头及政府机构等要害部门与建筑都遭到了严重破坏，初具规模的工厂、企业同城市人口一样也不得不向内地迁徙，城市的发展失去了活力。

南京沦陷后，日军对南京市民进行了血腥大屠杀，30 万同胞人头落地，经过战火洗劫，古都南京已是满目疮痍，十室九空。

汪伪政权当政后，时局动荡，财力匮乏，市政当局始终未能编制出都市计划，市政活动多限于修复道路和房屋，绝少进行大规模的城市开发与建设。至 1943 年，经过几年的恢复，汪伪政权开始组设“首都建设委员会”，准备编制新的都市计划方案，但编制工作尚未展开，便以日本投降而告结束。

1946 年抗战胜利后，国民政府再次返都，南京人口随之骤增（返都后，南京城市人口很快多出十几万人），大大加重了城市负担。城市居民的“住”“行”问题立刻成为市政当局返都后面临的首要问题。要解决这些问题，就必须以雄厚的财力为基础。但在返都之初，国力维艰，民生凋敝的条件下，国民党政府为加强统治，又将大量的人力与财力用于发动内战，南京市府欲求国府大量拨款当不现实。经若干年市政建设积累的经验，南京市政当局认识到，解决市政建设的治本之法，唯在“发展工商业，以裕税源”，靠城市本身解决财力问题来以城市养城。因此，南京市政当局返都后最先拟具的开发计划是“南京第二工业区初步计划”，拟草鞋峡、金陵乡、老虎山及象山等沿江地带为第二工业区，计划作为纺织化工及食品轻工业基地。但当局同时也意识到，局部性开发计划如不与全市整体性开发计划相配合，将来难免会出现建设上复杂的矛盾，故行政院指令：“应迅速拟具整个都市分区计划，呈后核定，以免配置失当”[49]。当此之际，正值南京市府改组，新市府为做出新姿态，决定立即组设“都市计划委员会”，试“切切实实的来制订一个都市计划”。1947 年 2 月，南京第六十九次市政会议决议通过《南京市都市计划委员会组织章程》，随后即正式成立“南京市都市计划委员会”，从此，南京又恢复了全市开发建设的计划工作。在工作之初，该委员会认为，编制都市计划需要一个较长的时间，不可“率尔操戈，随便缴卷”[50]。故先求在短时期内有一个明确纲目，计划的细枝末节可待以后详细补充。在这种背景下，“南京都市计划委员会”制定了这部“计划大纲”。

2. “南京市都市计划大纲”具体内容

“南京市都市计划大纲”具体包括计划的范围、国防、政治、交通、文化、经济、人口、土地等八项内容。

该计划的范围确定了城市规划的空间界线、规划的时间限期及计划的主要分项。关于城市规划的空间界线，“大纲”指定以民国二十二年（1933 年）行政院核定南京市辖区及三十五年并入的汤山区的范围，要求规划的界域必须顾及邻近区域的关系与将来发展的趋向。关于规划限期，大纲要求不定年限，保持计划的永久性。

在国防方面，“大纲”强调两点规划原则：一是都市计划应以适合城市空防、陆防及江防为原则；二是国防建设应以不妨碍都市发展与市民安全为原则。实际上这两项原则正是当时编制规划所要解决的主要矛盾。

在政治方面，“大纲”认为：首都作为全国政治中心，必须划定政治区域，确定官署房产地位与建筑标准。可以说这一要求与战前规划是一脉相承的。

在交通方面，“大纲”提出了八项规划任务：①修正本市交通系统；②研究邻近国道与本市干道之连贯；③商榷铁路车站与调车场地位与路线之移改；④确定港口、码头之位置；⑤确定民用、军用航空站之位置；⑥计划水陆交通之衔接；⑦筹划市内铁路、电车、公共汽车之路线；⑧研究本市与浦口之交通。从确定的这八项任务来看，市政当局大有调整战前规划建构的意念。

在文化方面，“大纲”除要求划定文化区域、研究学校及教育文化福利机关的分布外，还特别强调计划保存历代文物古迹。与战争前规划相比，这也是新注入的规划思想和观念。

在经济方面，“大纲”认为，不仅要重新确定工业区、商业区的区位，而且还应研究南京工业、商业可能发展的程度。在某种意义上，这种研究表明了规划者对城市环境容量、城市发展规模等问题开始有所注重。

在人口方面，“大纲”提出了预测城市人口增加趋势，研究城市人口密度限制，配合人口增加趋势及密度分配预测将来居民需要等几项规划任务。

在土地方面，“大纲”笼统肯定了分区制规划方法，认为仍有研究土地重划的必要，但对如何进行分区计划，是“大集中”还是“小集中”等却是尚未确定的含糊问题。

3. “南京市都市计划大纲”的基本特点

与战前规划相比较，“南京市都市计划大纲”的建构特点可概括为四点:

其一，不限定规划期限，对规划方案做好“随时修正，以资适应”的充分准备。这是“大纲”制定者根据战前规划经验提出的一项新原则。战前南京城市规划经常随时局变化而朝定夕改，使规划方案失去了应有效用。为了避免重蹈覆辙，计划提出“不定期限，随时修正”的规划原则以保证规划方案的灵活性和实用性。

其二，确定国防计划与城市发展规划并举的原则。战前南京城市规划对国防规划考虑不够，其后只把国防、城防作为规划中短期考虑的内容。而“大纲”吸取战争的经验，计划把国防、城防问题作为城市规划中的主要问题，并视之为长期持久的规划内容。如何解决城防与城市发展之间的矛盾已成为战后南京城市规划面临的首要问题。

其三，“大纲”对集中式分区规划提出了质疑。计划者之间对“集中分区”和“分散分区”规划模式的认识有所争议，故对采用哪种规划模式尚无决断，但“大纲”曾将这一问题作为深入规划所要解决的重要问题。

其四，“大纲”更加强调城市的发展规模及发展极限等依据性问题。“大纲”对人口增长的趋势、工商业可能发展的程度及城市人口的密度限制等计划都详加研究，以使规划方案具有更客观更科学的编制依据。

从“南京市都市计划大纲”的内容及特点来看，“大纲”制定得比较含混和粗略。对那些根本问题或规划原则虽无定论，但它反映了南京城规思想有抗战前后的某些演变，可谓战后多种思想争鸣的集中写照。

四、现代南京城市结构形态演变的总体分析

现代南京城市结构形态的发展是在半殖民地半封建社会的背景下，从传统构型向现代构型转化的过程。在这一转化过程中，南京城市结构形态的演变不仅伴随有频繁的人为建造活动，而且亦表现出不以人的意志为转移的自构特征。以上论述即呈现出现代南京规划及其演变规律，我们还须站在更高的层面，从总体的角度对其加以全面分析。

（一）第一层面分析：模式结构形态的演变

自民国开创以来，在全国兴举现代市政运动中，南京市政当局先后编制过六次城市开发计划，这些计划对改造南京旧城结构、建构新城框架，都发挥过积极的指导作用。但每次编制城市规划都是在特定条件下进行的，随着规划条件的改变，不同时期编制规划的建构思想并不相同，如有时强调新区开发，有时偏重改造旧城；有时倡导形式主义，有时主张实用主义等等。规划思想的改变会直接影响每次规划建构的内容与形式，进而影响城市客观建构的方向和进程。虽然历次规划采纳的主导思想或规划模式都有所差别，但从整个演变历程看，抗日战争是南京城市规划思想发生重大转变的主要分水岭。其具体转变表现在三个方面：

1. 从“分区制”模式到“分散制”规划

早期规划者仿学欧美城规理论和经验，在编制规划过程中一味追求按功能要求划分城市用地。他们试图以自己的理想来纯化城市用地的功能分区。如南京“新建设计划”“北城区发展计划”“南京市政计划”等都是以分区规划为主要内容。其后制订的“首都大计划”“首都计划”及两者的调整计划也十分注重城市的运作效能。应当指出，“分区集中”与“集中主义”是两种不同的概念。“分区集中”意在将同类或功能关联的建筑物集中安排，但不意味高密度发展；而所谓集中主义的规划思想则主张高密度使用城市用地，借以提高城市建筑的使用效率。虽然“集中主义”的规划思想方在欧美形成，但在战前南京城市规划中已有人主张采用“集中主义”的规划模式，提出“采仿欧美式高大西式房屋”的规划建议，可这种建议并未得到广泛认同。

然而问题的焦点并不在于“平面式”发展还是“高空式”发展，而在于是“分区集中”还是“分散混合”。对这一问题的争论随着日本侵略威胁的逼近而明显起来。为了加强城市的防御，有人开始怀疑“分区集中”的规划模式，他们认为，“如将中央行政机关及各大工厂各部分别集中在一处，无异增加敌人破坏力……本市以前曾将行政区定在明故宫一带，但为防空计，似应变更此项计划，采取分散制度”[51]。战争的临近使“分散主义”的规划思想得到广泛的支持。因此，“分区集中”的规划方案并未得到真正执行。

抗战胜利后，“分散主义”的规划思想并没烟消云散，在新时代的背景下，“分散主义”的规划思想反而更加得到人们的注重。分散主义者认为：“现在科学已发展到原子能时代，一个都市计划（尤其是首都计划）

应该注意于国防上的意义。我们知道原子弹的威力很大，爆发的面积至广，都市为一切着火物集中之区，欲在未来的战争中减少其破坏，避免敌人一网打尽的危险，譬如巴黎的放射式、华盛顿的棋盘式，以及伦敦、柏林的调和式都不能采用，最好的只有卫星式，多建子城比较安全。”[52]这种规划观念与当时国际上流行的“原子时代城市模式”的构想如出一辙。如二次大战后，美国芝加哥大学魏斯氏提出国家疏散计划，主张建立容纳五万人口的新城七百个，以吸收目前生活于大城市内的人口；另一位美国城规工作者奥古氏亦从“纯防空观点”出发，提出将大城市化为由若干个三万人至五万人组成的小城市，其相互间距为三公里（图 4-12），试以此布局来减少原子弹可能造成的危害。这些理论都成为南京规划分散论者的有力依据。除此之外，分散主义者还从分散的可行性方面做了进一步说明：“现今各国对于电力的利用，以及内燃交通机车的发达，已经可使工业生产组织不必完全集中于都市或附近，亦不必一定要就原地上扩充。同时，由于交通的便利，以及电报、电话、航空等通讯方法的发达，已经使得大规模生产事业可设置于其他对生产、远销或国防有利条件的地方，而不必一定接近人口集中的都市，亦即不必集中一地经营而仍可施以有效的管理。因之，大都市的集中已经非为不可避免的现象”[53]。据此，分散论者对南京战后的城市布局提出采用卫星城、田园市、带形市及邻里单位等规划模式，以达到分散布区，适应国防、城防需要之目的。然而“分区集中”的规划思想并未泯灭，两者的争论在战后更为激烈，焦点更为集中。

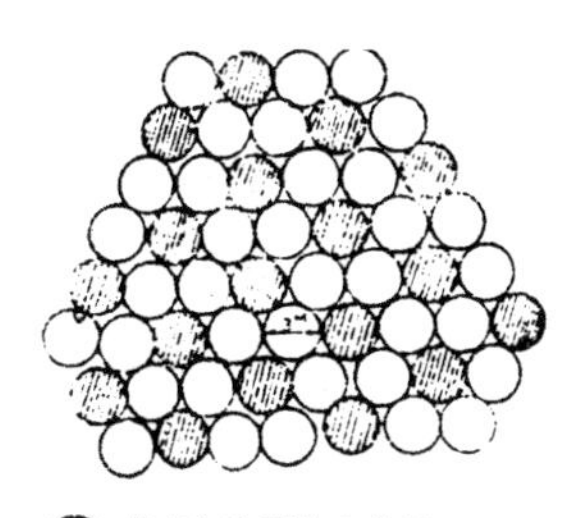

图 4-12 ［美］奥古氏针对“原子时代”建构的城市模型

2. 从“形式主义”到“实用主义”

一般而言，在城市规划过程中，追求“形式”与讲求“实用”并非一对不可调和的矛盾，但为“实用”而牺牲“形式”，或为“形式”而不顾“实用”，都可能使规划设计趋于极端，从而导致“形式主义”或“实用主义”偏激现象的产生。当然，在城市实践过程中，极端现象很少出现，但对“形式主义”或“实用主义”不同程度的倾向性则在不同时期有所差异。民国南京城市规划对“形式”与“实用”的偏重，在抗战前后就有所不同，在抗战之前，南京制定的“首都大计划”与“首都计划”都十分强调城市的景观设计，对城市空间形式与面貌的改造特别注重。如“首都大计划”提出首都建设要“艺术化”，“首都计划”亦要求发扬“中国美术之优点”，统一全市建筑风格，讲求道路构形和街道对景等等。虽不能认为战前南京城市建设的财力充裕，但在奠都之初，规划者为“以壮观瞻”和“以正视听”，从百年大计出发，欲将南京建设成国际一流的大都市，故特别追求城市的规划形式。

抗战之后，国家经济尚未恢复，市政建设财力匮乏，都市建设又面临内战威胁，南京市政当局鉴于这种环境而特别指出：“中国是一个贫乏的国家，都市建设应以朴实代替奢华”，“我们理想中的都市是俭朴而实用的，而且与国防相配合的，因时因地制宜，把一切不必要的铺张用于解决民生问题，这才是物质建设的真正意义”[54]。这段论述实际是对战前形式主义规划思想的根本否定。在南京战后的规划中，规划者一面反对追求形式，一面主张“一物多用”，如规划者曾计划把市郊马路建成战时飞机跑道，试图从此减少非常性建设投资。从南京城市建设的具体实践来看，战前兴建的主要建筑物，如国民党史料陈馆（今第二历史档案馆）、国立中央博物院（今南京博物馆），行政院、铁道部、立法院、司法院、励志社等皆为飞檐画栋、造价甚高的大屋顶建筑，而战后的建筑风格则转向简洁明快的现代造型。

3. 从城市“农村化”到城市“工业化”

城市“农村化”是抗战前“首都大计划”提出的规划宗旨，当时提出这一宗旨的目的在于吸取西方城规建设的经验教训，结合本国国情，将南京建设成一个具有清新自然环境的新首都。在国家经济十分落后的条件下，规划者对南京的建设确立了“必先建设农村化，而后都市化”[55]的建设方针。

抗战之后，南京市政当局根据十几年的规划经验，已深刻体会到：城市的规划建设必须以城市的财力物力为基础，而城市的财力又主要以城市工商业经营上的税收为来源，如果城市工业不发达，商业不繁荣，城市财力就无后劲。有鉴于此，南京市政当局便一改战前提倡的“城市农村化”的规划宗旨，开始强调城市“工业化”建设，倡导“发展工商业，以裕税源”。从战后南京城市的规划实践看，返都之后最先制订的开发计划即为“南京第二工业区初步计划”。由此可见，战后市政当局对城市“工业化”的急迫需要和高度重视。

民国南京规划思想的转变虽然是以抗战前后为主要转折点，但在实际发展中往往是对立的规划思想交替呈现，每当一种规划思想在城市建设中占主导地位时，实际也正是城市客观发展需要的必然反映。可以说，任何规划模式或思想都有其适用的范围和局限性，当城市发展的背景发生改变时，旧的规划模式思想自然会被新的所取代，民国南京城市规划思想的前后演替即是对这一规律最好的印证。

（二）第二层面分析：规划结构形态的演变

民国南京城市规划结构形态的演变，可以分别从市界的变迁、建构重心的迁移、分区规划的演变、道路规划的演变等四个方面进行分析。

1. 市界的变迁

市界是城市规划建构的空间范围，如何界定城市的大小与形态会直接影响城市规划建构的内在关系。前面已介绍民国南京历次的建构概况，但未对每次规划的空间范围进行系统阐述。从民国南京规划的发展看来，原定市界一直是规划者关注的问题之一。

从1926年南京市政筹备处制订“南京市政计划”起，便开始了市界规划。其规划的市界范围基本是以城厢为主体，但在城北、城西也圈进一些郊野作为城市扩展用地。这次市区的界定主要是依据历史的沿革和地理条件上的限定，而城市扩展用地的圈划则表明：当时规划已预感到南京城市沿江及向下游发展的趋势，故在划定城市扩展用地时有意顺应了这一客观规律。

1927年国民政府奠都南京后，当局开始重新划定市界范围。1927年10月，国民党政府曾决议以江宁县全境划属市区，目的在于免除省市纷争、为扩大南京市区“造成有意义一极大的娱乐游憩场所，以招待外宾”[56]提供广阔的空间。但这一决议因时局动荡，并未按文执行。其后，市府参事会又建议将江宁、江浦二县划归市区，未获批准。几经反复，最后决定只以南京城厢为市区[57]，这一决定遭到南京市政当局的坚决反对，他们认为首都市区如此狭小，与首都之名太不相称，进而提议由江宁府属的江浦、六合、句容、江宁等六县全部划为南京市区。而这一提议又遭到各县地方势力的普遍反对。在这种情况下，“首都大计划”只好暂定城厢周围作为特别市区。尽管在其后市界圈划的问题上，省、市、县各方意见仍不统一，而且中央决定的市界范围亦反复无常，但“首都大计划”划定的市界范围基本奠下了南京市区的轮廓基础。如1933年由行政院最终核定的市辖区范围即是在“首都大计划”市界范围的基础上补入浦口商埠区而成的。1936年市界范围又扩增汤山区，这一市界在抗战胜利后亦得到沿承。

从民国南京市界变迁过程来看，当局对市区的圈划是“一刻伸大，一刻缩小，一刻划入，一刻儿又划出”[58]，严重影响了城市规划、管理的严肃性与稳定性。市界规划的频繁变迁，表面上看是由当事者对城市发展认识上的分歧及省、市、县各级政府利益分配上的矛盾所致，但从深层意义讲，这种频繁变迁不仅是政局不稳的一个缩影，也是民国南京城市管理从缺乏经验走向成熟的必然过程。

2. 规划重心的迁移

现代南京最早的规划是以下关商埠规划起步的，故现代南京最初的规划重心偏于下关沿江一带。随着规划范围的扩大，作为连接城南闹市与下关商埠的北城区，开始成为重点规划的空间范围，规划重心因此向东南迁移。如下关商埠局草拟的北城区规划即是如此。1926年，南京市政筹备处首次从全局的角度，规划了南京全市的发展蓝图，其规划重心再次向旧城区靠拢（规划重心具体定于鼓楼附近）。1927年南京工务局制订“首都大计划”仍以鼓楼为全市的规划重心，但继此之后，由美国专家主持制订的“首都计划”却将规划重心迁至明故宫一带（图4-13），但这一构想过于超前，未得到当局批准。其后不久，调整规划又将规划重心归复到鼓楼位置（图4-13）。

根据规划重心变迁的轨迹，我们不难发现，民国南京城市规划重心的变迁，历经的是一个从沿江向腹地移动的过程。这种变迁实际与规划范围的扩大有着内在关联性，即规划的空间重心随着建成区规划范围的扩展而向东移，规划的范围越大，重心迁移的幅度也越大。这是城市在扩展过程中一面受限的条件下（如江河山脉的限制）表现出的一种规律特征。

图 4-13　历次规划重心迁移图

3. 分区规划的演变

分区规划是历次规划的主要内容。探讨分区规划的演变，可以从分区规划的建构要素和分区的建构关系两个方面进行分析。就建构要素而言，民国南京规划分区内容的演变具有四个特点（见一览图）：①建构内容由少到多、由简到繁，不断调整和完善，这是由规划范围的扩大和考虑问题角度的变化所决定的；②建构内容无论怎样改变，住宅区、商业区、工业区和公园区总是历次计划的基本内容；③南京奠都之前，每次分区规划基本是以工商业区的规划为主，而在奠都之后，每次分区规划则以行政区规划为最首要的内容；④军事区在历次规划中时有时无，每当规划超前，军事区规划即被忽略，如“新建设计划”“首都大计划”初稿和“首都计划”都未考虑军事防御区划问题。抗日战争的爆发加强了规划者国防、城防规划的意识，故在城市区划中增加了军事区域的用地比重。这反映了时局的动荡及战争的威胁对规划建构的直接影响。

关于分区关系的演变，主要表现在分区用地的比例和空间位置的相对关系上。在用地比例方面，旧城区、下关商埠区及东郊园林区皆为现状，其用地规模在历次规划中基本保持不变。用地规划调整较大的是工业区、公园区和军事区。其中工业区用地随着规划者对城市“工业化”认识的提高而不断增加，而住宅区与城内公园区却随着分区内容的增加而不断减少；军事区的用地规模则完全根据时局变化的情况而定。在各项分区和空间位置关系上，行政区和工业区来回摆动幅度最大，其中行政区的选址先后从北城区（“大计划”初稿）移至明故宫一带（“大计划”定稿），然后又被定于中山门外（“首都计划”），最后又重定于明故宫遗址处（“调整计划”）。影响行政区选址摆动的主要原因在于对军事防御的考虑，行政区定在城内还是城外是问题的关键所在，“首都大计划”始终将行政区设于城内，而“首都计划”则以超前的规划方式将中央政治区选址于城厢之外。从当时战争的特点来看，城垣的防御功能并未丧失，在战事常发、政局不稳的背景下，如弃城内空地不用，另在郊野辟建行政区，显然不合现实要求。因此，行政区的选址几经周折，最终定于城内明故宫遗址处。抗战胜利后，中央政治区选址仍然沿承这一布局。

工业区规划选址的摆动主要在长江上游沿岸与下游沿岸之间。最早制订的“新建设计划”将工业区主要设于上游沿岸，而其后制订“北城区发展计划”却将工业区置于沿江下游地段；制订“首都大计划”时，工业区的定位在初稿中按孙中山的意图又定于上游地区，但在二稿之后改在下游地段，最后“首都计划”仍执行孙中山遗志将工业区设于上游。这种选址上的反复，表明工业区规划的主观与客观、理论与现实之间的摆动，然而无论怎样改变，其工业区规划沿江布局的基本原则是始终如一的（见一览图）。

4. 道路规划的演变

民国南京城市的道路规划前后进行四次大的建构调整，每次建构调整都具有各自特殊的路网构型。下面我们就主干道规划和城北路网的建构演变分别加以分析（见一览图）。

关于主干道的规划设计，下关商埠局制订的“北城区计划”设计了两条主干道：一条是北出钟阜门，南抵牌楼街，纵贯整个北城区；另一条为滨江大道。这两条主干道的定位安排明显反映出局部性规划的特征，表明规划者对开发下关区的偏重。比如纵贯城北的主干道只考虑了北城区和中心位置，与旧城干道却缺乏必要的衔接与联系（见一览图），当“南京市政计划”在“北城区发展计划”的基础上对道路规划进行调整时，除了保持滨江大道外，城市的纵向干道由原来出钟阜门改出神策门，向东平移至百子亭街（见一览图），整条干道贯穿城南旧市，进而加强了新旧城区南北的联系；其后南京市工务局在制订“首都大计划”时，彻底摒弃前两次道路规划，从全新的角度建构了南京现代干道的主构架，规划设计了两条干道，一条为中山大道，横穿东西；一条为子午干道，纵贯南北。南京旧城路网由此得到大刀阔斧的改造；美国专家主持制订“首都计划”时基本沿承了“首都大计划”规划的道路骨架，并在此基础上进一步加强下关到主城区道路的规划联系，同时因过分考虑地形现状而切断了子午路直通北城外的路线，破坏了原道路规划的合理布局，在“调整计划”中，规划者又重新纠正“首都计划”的路网规划，恢复了子午干道原有的规划意图，使路网规划臻于合理（见一览图）。

对城北路网的规划设计，是历次规划着重的内容之一。与其他部分相比较，北城区道路规划调整次数最多，构形变化也最大。新开发区由于受各种条件限制较小，而容易成为规划者发挥理想和追求理想构型的“用武之地”。如下关商埠局建构的北城区路网颇为随心所欲，他们除了将原有道路计划修整外，规划的路网章法紊乱，新与旧、曲与直的各种道路完全被搅在一起（见一览图）；“南京市政计划”在此基础上虽然做了一些调整，但大的格局仍没有改变（见一览图）；“首都大计划”制订时，北城区被中山大道分为两部分，其中路北为规划设计的主要地段，这次规划一反随意设计手法，按照现代交通规划设计的要求，将路北地段的道路设计成规整的南北向路网形式，与现状路网大致相符（见一览图）；“首都计划”基本保持了南北向的路网形式，但其内部结构设计得比前者更为复杂多变。为了使城北路网设计得更为合理，在“调整计划”中，规划者完全放弃了南北向的路网形式，将城北路网设计为与子午路成 45° 夹角的矩形网格，这种形式不仅可使建筑获得良好的朝向，而且对新区的开发利用更为有效便利，这是历次规划中最理想的建构形式，也最终作为战前路网建设的主要依据。

规划建构形式的演变实际是规划思想的具体反映，而规划思想的演变又与社会环境的改变密切相关。在社会变化充满不定因素的条件下，规划思想乃至规划形式的频繁变更是民国南京规划的一大特点。

（三）第三层面分析：中间结构形态的演变

建都后的南京建设虽然进入了现代规划管理的新阶段，但在自构因素的影响下，历次规划并未得到完全实现，城市的客观建构总是遵循或显露出某些自构规律和特点。

1. 城市形态的演变分析

在民国南京的规划建设中，除“首都计划”以外，几乎历次规划都未明确表示建设南京未来的城市形态，似乎旧的城垣范围早已确定了南京未来的发展界线。故历次规划的空间范围主要集中于城垣之内（另以下关商埠为基础在沿江地段亦有适当规划扩展）。而“首都计划”一反前规，大胆提出新的规划构想，如迁移城市发展重心，突破城垣限制，引导城市背江向东逐步拓展。“首都计划”基于“同心圆发展”的理论模式，试图控制南京城的扩展方式，力避城市形态呈非均衡发展，然而理想并不等于现实，民国南京的城市形态并未遵循“首都计划”的理想模式，而是以旧城为主体由东南呈“单触角”形式向西北延展（见一览图）。从自构角度讲，这种趋势并非起于民国南京，早在南京近代化肇发时期，主城与下关之间兴建的马路与铁路即已形成南京新的发展轴线。民国建都后，中山大道的开辟又大大加强了这条轴线的引力。当时中山北路两侧不仅地旷人稀，便于开发，而且地处主城和下关之间，兼得两端之利。交通的便达，使北城区的区位优势更为明显。由于北城区区位优势的引力作用，民国南京的城市建设主要集中于中山路主干沿线。如一些新建的政府机关，新辟的第一住宅区与第四住宅区都是以中山大道向城北延建，与中山北路相比，中山东路虽不如前者具有优越的区位优势，但亦不失为有吸引力的发展轴线。然而在市政部门的严格控制下，东城区作为政治区预留地一直未被开发利用。因此城市重心的迁移方向是由南向北，而不是规划要求的由西向东，城市形态亦由密集的团状向松散的带状形式发展演变。其中自构作用强化了城北轴线的发展形式，而人为建构则遏制了城东用地的轴向发展。从更大的空间范围看，1921 年由姚锡舟等在龙潭创办的中国水泥有限公司（南京水泥工业最早之基础），以及 1934 年由范旭东等在沿江御甲甸（今大厂镇附近）建立的永利厂（南京化学工业最早之基础）等，扩展了南京市域的空间范围，亦展露出南京城市形态沿江轴向发展的开拓外围“卫星城”的趋势和雏形。

2. 分区结构的演变分析

城市分区有自然建构与人为建构两种形式。在南京尚未进行现代规划建设之前，南京旧城已自发形成了集市区、居民区、商埠区及工业区等自然分区。自现代规划引入后，分区规划是历次都市计划的主要内容。“首都大计划”之前的几次规划都未得到具体设施，因此前分区规划并未影响城市分区的客观建构。而“首都大计划”“首都计划”作为民国南京的建设依据，其分区规划却直接影响到南京城市的分区发展。如对新住宅区的开发建设，对政治区预留地的控制，以及对新街口金融区的辟建都是按照规划要求严格实施的，因而形成一种新的分区框架。但分区规划的建构形式并未完全兑现，最大的偏差即在于对政治区要求集中建设，而实际发展则是新建的政府机关散布全城，与规划意图完全相反。造成这种规划失控的原因有二：其一，基建单位各自为政，投资方式过于分散。在国府尚无充足财力来拨款开发中央政治区时，一些院、部机关都有一定的经费可单独营建新的办公楼址。在基建方面，这些直属中央院、部机关根本不受南京市政部门的管理限制，谁有经费谁先建设，在选择地段上他们亦有很大自主权，在院、部之下的市政部门很难以规划条文来束缚国家部门的选址权力（况且“首都大计划”及“首都计划”一直没有得到国府的批准）。

其二，战事不断，“疏散主义”思想得到广泛的关注和认同。“首都大计划”及“首都计划”的规划基本是以百年大计为原则，考虑远期多于近期，考虑理想多于现实，在编制都市计划时并未提出或解决战时城市军事防御及防空问题。“一·二八”事变后，南京受到日本侵略者的军事威胁，国民政府一度迁都洛阳。返都后许多市政专家开始对分区规划提出质疑。有人建议“国家之重要建设，不可集中在中央，宜分置若干小集团”[59]。也有人提出“本市以前曾将行政区定在明故宫一带，但为了防空计，似应更此项计划，采取分散制度”等等，这些从城防角度出发的规划言论更成为机关部门各自为政、辟建新址的理论根据，进而使原分区规划变成纸上空谈。

3. 路网结构的演变分析

一般来说，路网的转换是判断城市构型从传统向现代型过渡的重要标志。传统路网构型上多狭窄曲折、参差不齐，大都反映旧城自发建构和封闭保守的形态特点。近代化开始后，增辟马路，拓宽旧街，改善城内外交通环境自然成为改造旧城的首要任务。特别是现代市政的兴举，更从主观和客观两个方面促进了城市路型的根本转变。面对传统路网，规划者认为：以现代科学、美学为标准，现代城市路型应取直线形式为合理。因交通工具的进化，交通方式及交通速度都大为改观，传统路型已远不能适应现代交通要求，唯棋盘式路网既可增大交通速度及流量，又便于街区建筑之营造，同时还具有现代几何秩序之美观。基于上述认识，故历次规划的建构者皆以道路平直、路网整齐作为现代道路规划的原则和基点。如“首都大计划”“首都计划”及“调整计划”都是如此。然而理想的建构并不一定就有理想的规划结果。从民国南京道路规划的实施结果看，一些理想的规划意图和形式并未得到最终兑现。如“首都大计划”确立的路网结构几乎与原有路网格格不入。虽然两者皆呈矩形构型，但两者建构方位略有偏差，规划路网为正向南北，而原有路网则偏向西南，新旧路网很难交合，因此规划路网只在城北新区得到部分实施，而对城南部分，唯有重新调整规划方案。规划者本意在于彻底改造旧城结构，但在缺乏雄厚财力的条件下，理想的规划并非就是可行的方案；再如“调整计划”确定的北城区路网是“参照最新之学理”建构而成，规划者强调：新的路网构型不仅便于现代交通，而且还便于每一街区建筑在一年中获得最多的阳光照射。但从 1937 年公布的“已成道路图”看，北城区路网规划的具体实施只初露端倪，而主要框架却被实际发展所否定（图 4–14）。究其制因，与前者不同：北城区人稀地旷，其新区开发很少受私宅搬迁之困扰，本可按规划意图分期完成，但因受时局动荡，财力匮乏之影响，北城区路网的开发一再延迟，许多建筑沿路而建，不断加强巩固了旧路网的原有构型，经过日积月累，自构形成的路网结构则很难再按规划方案进行纠正。

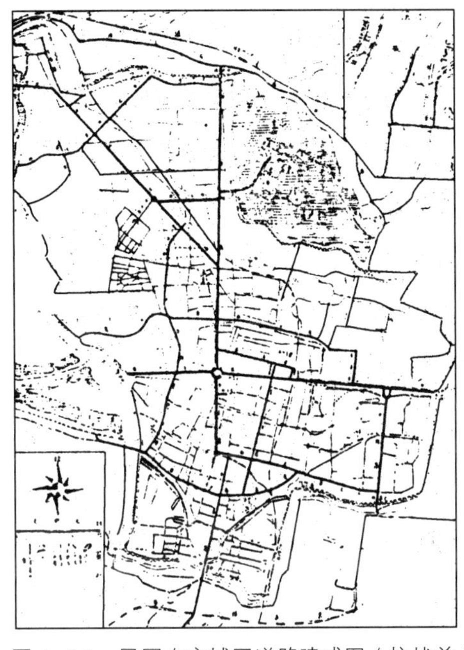

图 4–14 民国南京城区道路建成图（抗战前）

综上所述，民国南京的城市建构不仅反映了城市规划的积极影响，同时也暴露出人为建构作用的局限性。据上述结构形态的演变过程，可见规划方案的实施结果既取决于规划本身的合理性，又受制于外部环境的影响，而规划期限的缩延或开发程序的变更却可能直接影响、改变城市建构的最终构型。

注释

① 金陵制造局前身为苏州洋炮局，原是李鸿章在镇压太平天国军时所创办的随军小型军工厂，1865年夏，李由江苏巡抚升任两江总督，赴南京就任时将炮局迁往南京。

② 洋务运动分前后两个阶段，前一阶段以发展军工业为主；后一阶段，洋务派分子开始对引进西方技术的意义有了更深的认识，于是提出“求强”“求富”并重的口号，开始发展民用工业。

③ 根据1858年签订的《天津条约》及1898年订立的《修改长江通商章程》，两江总督刘坤一于光绪二十五年（1899年）奏请清廷，照约开放南京通商，拟在下关滨江地方设关征税，定名金陵关。

④ 参见《金陵通记》。

⑤ 南洋劝业会是清政府宣统二年（1910年）在南京举办的一次全国性工农业产品展览会。

⑥ 《首都志》教育篇：“八国联军入京，皇室西遁，因势岌岌，两江总督刘坤一等乃变法之，首以立学为事，学校自兴矣。”

⑦ 参见《首都志》历年大事表。

⑧ 参见《首都志》历年大事表。

⑨ 见民国十七年第10期《南京特别市政公报》“何市长向中央全体会议呼请首都建设规划经费”一文中称孙中山《实业计划》中的南京、浦口建设规划”，为“孙总理的新建设计划”。

⑩ 见孙文《建国方略》中“实业计划”部分。商务印书馆，民国十九年。

⑪ 见孙文《建国方略》中“实业计划”部分。商务印书馆，民国十九年。

⑫ 下关商埠局设于辛亥革命之后，民国八年（1919年）南京港又设督办（见《南京史志》1984：41）。

⑬ 许体纲“城市设计”，《首都市政报告》第51期（1929年12月）。

⑭ 民国十六年《南京特别市工务局年刊》。

⑮ 见民国十五年陶保晋撰《南京市政计划书·序》，南京市政筹备处。

⑯ 见民国十五年陶保晋撰《南京市政计划书·序》，南京市政筹备处。

⑰ 见《南京市政计划书》“工业之计划”部分。

⑱ 见《南京市政计划书》“住宅之计划”部分。

⑲ 见《南京市政计划书》“住宅之计划”部分。

⑳ 见《南京市政计划书》“住宅之计划”部分。

㉑ 京师即指北京。“京师市政公所”成立于民国创建之后。

㉒ 见《南京市政计划书》“交通之计划”部分。

㉓ 见《南京市政计划书》“交通之计划”部分。

㉔ 在民国时期，南京曾两次作为国都，此以第二次为准。

㉕ “首都大计划”并未经过正式定名，而是南京市政部门在奠都之初编制都市计划时，由市长及工务局一般称用的名称。

㉖ 民国十六年《南京特别市工务局年刊》。

㉗ “训政”是孙中山提出建立“民国”程序的第二阶段。他将“民国”建设分为军政、训政与宪政三个时期。主张在训政时期施行约法，由政府派出经过训练、考试合格人员到各县筹备地方自治，并对人民进行使用民权和承担义务的训练。

㉘《南京特别市市政府公报》第 8 期“何市长在第二次总理纪念周之报告”。

㉙《南京特别市市政府公报》第 9 期（民国十七年一月）。

㉚《南京特别市市政府公报》第 3 期（民国十六年十月）。

㉛《南京特别市市政府公报》第 11 期（民国十七年三月）。

㉜《南京特别市市政府公报》第 10 期（民国十七年二月）。

㉝《南京特别市市政府公报》第 8 期（民国十七年一月）。

㉞ 民国十六年《南京特别市工务局年刊》。

㉟ 民国十六年《南京特别市工务局年刊》。

㊱ 民国十六年《南京特别市工务局年刊》。

㊲ 五院指行政院、立法院、司法院、监察院、考试院。

㊳《南京特别市市政府公报》第 8 期（民国十七年一月）。

㊴ 见《首都计划》孙科序（民国十八年十二月）。

㊵ 见《首都计划》孙科序（民国十八年十二月）。

㊶《首都计划》“道路系统之规划”：39。

㊷《首都计划》“建筑形式之选择”：35。

㊸《首都计划》“中央政治区地点”：27。

㊹《首都计划》“建筑形式之选择”：35。

㊺《首都计划》“市郊公路计划”：55。

㊻《首都计划》“铁路与车站”：26。

㊼《首都计划》“南京今后百年人口推测”：9。

㊽《首都计划》“道路系统之规划”：37。

㊾《南京市政府公报》：1（12）（民国三十五年十二月）。

㊿《南京市政府公报》：2（10）（民国三十六年五月）。

51 卢毓骏：首都建设与防空问题．《首都市政府公报》：（137）．（民国二十三年一月）。

52《南京市政府公报》：4（6）（民国三十七年三月）。

53 陈伯心：中国都市的发展．《南京市政府公报》：3（7）．（民国三十六年十月）。

54 马超俊：关于市政府建设的几个中心问题．《南京市政府公报》：1（5）．（民国三十五年七月）。

55《南京特别市市政府公报》：（8）．（民国十七年一月）。

56《南京特别市市政府公报》：（3）．（民国十六年三月）。

57《南京特别市市政府公报》：（17）．（民国十七年八月）。

58 饮水：江宁县的存废问题．《南京特别市市政府公报》：（26）．（民国十七年十月）。

59 黄慕松：都市防空设备问题．《首都市公报》：（124）．（民国二十二年一月）。

第五章 当代南京城市建构过程的总体分析

新中国成立后，社会制度的根本改变使南京城市建设的发展机制亦随之改变。在新的社会背景下，四十年来南京城市规划建设同全国其他城市一样，其发展过程有兴有衰，有缓有急，有狂热，也有理性。若按我国当代社会经济发展的阶段来划分，南京城市的规划建设同样经历了“苏联模式”的引入与修正、“大跃进”“三年调整”“文化大革命”及“十年改革”等五个发展阶段。

一、“苏联模式”的引入与修正（1953—1957年）

广义上讲，苏联首先建立的社会制度以及它给其他社会主义国家提供的榜样和经验即所谓的苏联模式；而狭义地讲，在城市规划建设方面，苏联为适应社会制度下的城市建设而制定的一套新的城规思想、内容及方法等，汇总起来即苏联规划建设的新模式，简称“苏联模式”。

（一）三年恢复时期的城建工作

新中国成立最初三年，是国家社会、经济恢复的时期。1949 年南京新市府同样面临恢复社会秩序、改造旧城机构、重建家园的艰巨任务。这三年期间，市政部门虽未着手进行城市规划，但在恢复城建机制方面却做了大量工作，如接管旧市府工务局，安置旧职员，成立建设局、地政局等，为全面开展城规建设工作奠定了组织基础。与此同时，市政部门还颁布一些临时法令和条例，藉此保护南京城市的公私财产和名胜古迹，确保城市的修整、建设工作的正常进行。这三年颁布的有关法规、条令有《南京使用土地暂行办法》《南京市公共房产使用规则》和《租赁章则》[①] 等。市政部门通过这类法规、条令来维持南京城市建设的正常秩序。

这三年期间，南京市政部门虽没有组织专业人员进行城市规划，但却有学者从学术角度对南京城市的建设发展提出某些规划构思。如建议将南京商业中心仍保持在新街口，而中华路、太平路、建康路及升州路一带各为副中心；建议城南通济门一带辟为新的交通中心；文化区以鼓楼为中心；明故宫一带作为城市发展的备用地段；工业区设于长江两岸等等[②]。这些构想尽管较为局限，但其中的部分安排亦不乏合理之处，为以后南京城市的规划设计提供了参考意见。

南京市政部门虽然未具体开展城规设计工作，但在此期间却为进行城市规划做了必要调研准备，如新市府成立仅三个月，市政部门就通过南京社会科学研究所对南京的工业、商业及手工业等现状做了一次普查[③]；另外市政部门还专门组织过城市规划管理人员的培训工作。

在城市建设方面，三年中除了修建工人文化宫、新街口百货商店和一部分工人住宅外，南京的市政建设主要集中在修整马路、疏通河道和修补桥梁、码头等恢复性工作上，城市建设尚保持民国南京的原有面貌，城市结构没有多大改变。总体上讲，三年恢复时期只是南京开展城规建设工作的准备阶段。

（二）“分区计划”——“苏联模式”的引入

“南京城市分区计划”（后简称“分区计划”）是建国后南京制订的最早的一部城市发展计划。虽然这部计划始终未脱“初步”与“草稿”阶段，但从计划的框架、内容与深度来看，“分区计划”已具备了城市总体规划的基本特点，可以认为这部计划是当代南京城市规划的第一块基石，也是南京城规建设借鉴“苏联模式”的起点。

1.“分区计划”的制定背景

经过三年的修整与恢复，我国国民经济开始有了基本好转，中国社会与经济建设也逐步进入了正常的运转阶段。在这种形势下，国家提出了过渡时期的总路线：要在一个相当长的时期内，基本上实现国家社会主义工业化，并逐步实现国家对农业、手工业和资本主义工商业的社会主义改造。中国国民经济的第一个五年计划（1953—1957年）即根据过渡时期的总路线与总任务提出的。总任务是：集中主要力量进行以苏联帮助我国设计的156项建设单位为中心的，由限额以上的694项建设单位组成的工业建设。我国当代城市规划设计工作主要是为配合这些重点工程建设才发展起来的。“一五”前后，国家为保证工业建设的顺利进行，从中央到地方不仅迅速建立了城市规划建设的管理机构，而且还请苏联专家帮助草拟了《编制城市规划设计程序（初稿）》，这份初稿是在50年代苏联城市规划程序条款的基础上简化而成，并以此作为新中国建国初期城规建设的参照依据。

在国家开始注重城市规划工作的时候，南京于1953年成立了市政建设委员会。虽然南京和其他沿海城市一样，在国家“一五计划”中未被安排重点工程项目，但却被列为全国三十二个重点建设城市之一。在全国上下为配合“一五计划”而掀起规划热潮时，南京市政部门依靠本身的技术力量，参照苏联城规经验制订出这部“分区计划”。应当指出，这部计划不是当时南京城市发展的自发需要，而是对全国“城规运动”的一种人为顺应。

2. “分区计划”的指导思想

正如“分区计划”计划书阐明的那样，它是以“斯大林城市建设原则”为基本原则，以苏联城市规划的指导思想为基本思想。具体来说，这种体现“苏联模式”的建设思想具有三个特点：

第一，强调规划的最终目的在于为城市居民创造优良的居住环境，“保证对居民的居住、劳动、生活、休息和文化活动提供最好的条件”[④]。而且必须对城市的民族特点及其建筑传统，采取尊重和保护的态度。保持城市的传统形态，改进城市结构存在的缺陷，“使它完全适应现代城市在卫生、便利、美观方面的要求。为劳动人民创造最优良的居住条件”[⑤]。这一原则强调了城市规划对“人”的尊重和对传统的“尊重”，这与“纯经济”和“纯功利”的规划思想有所不同。

第二，强调城市建设的整体性与系统性。所谓整体性与系统性，即指城市人口、用地的合理搭配、分区内容的配套安排、基础设施的配套建设以及计划与规划、规划与设计密切配合等等，它们都是规划要求遵守的重要原则。规划者认为：只有遵从这些规划原则，才能确保城市建设均衡、健康地向前发展。

第三，强调城市建设的延续性。这种延续性不仅针对城市的过去，而且也针对城市的未来。对城市过去来说，“原则”指出“必须保留历史上已形成的城市基础”[⑥]，在历史的基础上改进城市。使传统的城市结构逐步转向现代构型。由于强调对历史的尊重，苏联城市布局的传统形式，如放射形大道、对称式格局以及城市干道、广场的整体设计等，又得到现代规划设计者的发扬光大，甚至成为中国仿学苏联城市建设的主要基形；对城市的未来而言，“原则”强调：规划必须充分考虑城市的远景发展，在确定城市规划的各项指标上，不可过于重视眼前利益，以确保规划构型的预见性与持久性。

“分区计划”直接引借的苏联城规思想，是否适用于中国国情面临着规划实践的具体验证。

3.“分区计划”的基本内容

按照上述规划思想和原则，“分区计划”在参照苏联城市规划的内容、形式与方法的基础上，对南京城市人口、工业、文教、交通、土地、房屋、给水、排水和电力等内容进行了具体的规划和设计。

人口规划是“分区计划”的首要内容。根据各方资料统计，规划者首先预测、分析了当时南京城市人口增减的六大趋势。这六大趋势为：第一，南京人口的职业结构将随城市性质向生产型转变而发生变化；第二，根据政策，对滞留在城市的一部分农村人口将被引导还乡；第三，由于“一五计划”没有在南京安排重点工程，故产业工人人口将不会有显著增加；第四，高等学校的师生在五年内将有大量增加；第五，由于南京开始作为江苏省会，故城市人口将在短期内有显著增加；第六，军事人口在短期内基本稳定。据此，规划者估算出：五年后南京市基础人口为331 900人，服务的人口为365 500人，被抚养人口为590 000人，总计1 287 400人。二十年后南京城市总人口将为两百万人。

在分区规划方面，规划者将全市划分为居住区、工业区、文教区、军事区、港埠区和市中心区六项内容（见一览图），规划用地基本是全方位扩展，其中工业区仍然沿江布置。工业区又细分为电子工业区（以迈皋桥为中心）、机器工业区（尧化门、仙鹤门、麒麟门一带）、水泥工业区（在有石灰岩资源的龙潭处）、化工业区（在以永利厂为基础的大厂镇）、砖瓦工业区（和平门外）、木材加工业区（上新河、新河口沿江一带）、食品加工区（三汊河）、轻工业区（城内中华门，门东、门西沿城墙地区）等。在工业区规划中，规划者特别强调了工业区水电的供应、道路的衔接、林带的隔离、住宅区的配合、仓库用地和防空等问题。

住宅区规划除保持主城区住宅现状外，另与工业区相配合，在每一工业区附近，规划设有住宅区（见一览图）；新文教区在东部陵园以南，除保留少数院校在主城区内，其他新院校及部分城内院校（如南京大学等）计划置于新文教区中；新的港埠基本保持原有规模；军事用地集中于城市东南，其规划用地规模仅次于居住与工业用地；城市中心区选在鼓楼一带，其中主要包括省、市机关团体和企业管理机构等，基本上是全市行政办公的中心区（见一览图）。

在交通规划方面，规划者对港口码头、铁路公路、城市干道等方面进行了全面深入的规划设计。其中着重考虑了客车总站选址，宁芜铁路规划线，长江大桥桥位，以及城市干道构型等几大问题。

关于铁路客车总站，规划选在中央门外和平车站外。其选址理由考虑有五：其一，距离市中心区较下关为近；其二，长江大桥建成后，津浦铁路客车可直达总站；其三，宁芜铁路经联络线可直达总站；其四，来自航空水路及公路乘客可沿环城干道达总站；其五，该处地势平坦，池塘洼地较少，有发展余地等（图 5-1）。

关于宁芜铁路与宁沪铁路，原通过市区铁路连在一起，但因市区铁路（旧称宁省铁路）纵贯城区，与市区街道平交二十余处，严重妨碍市内交通，故计划予以拆除。但拆除后，如何联系宁芜与宁沪铁路是规划考虑的问题之一。为此，上海铁路局与南京市政部门各制定出一套方案，即所谓“大绕”与“小绕”两种规划方案（图 5-1），从城市规划原则和长远来看，“大绕”方案更符合南京城市发展的利益。

关于长江大桥的规划设计，国家与南京市政部门早有设想。随着沪宁与津浦铁路运输的日益发展，火车及轮渡越来越不能满足南北联系的需要，于是建造长江大桥便被提到议事日程上。在这次规划中，对长江大桥桥位的选址进行了比较，初定两处桥位，第一桥址在下关草鞋峡附近即南京幕府山与北岸大顶山之间；第二桥址在燕子矶下游乌龙山附近（图 5-1）。

关于城市的干道系统，规划者决定鼓楼以南保持原有方格网道路形式，而鼓楼以北则采用环形放射式的路网构形。其内环包围直径约 1.5 km 的市中心区，以模范马路、西康路、中山东路至逸仙桥、太平门接兰家庄跨保泰街为基础加以扩建，外环以城墙内外原有道路扩建为高速车道、放射大道，意要追求形式上的对称（见一览图）。

除上述内容外，“分区计划”还对城市的房屋建筑、给水排水、河湖沟渠、园林绿化以及电力电信等规划内容进行了详细规定和设计。采用的规划指标大都是以苏联城规指标为基准，一些指标是根据中国国情做了必要的调整和修正。

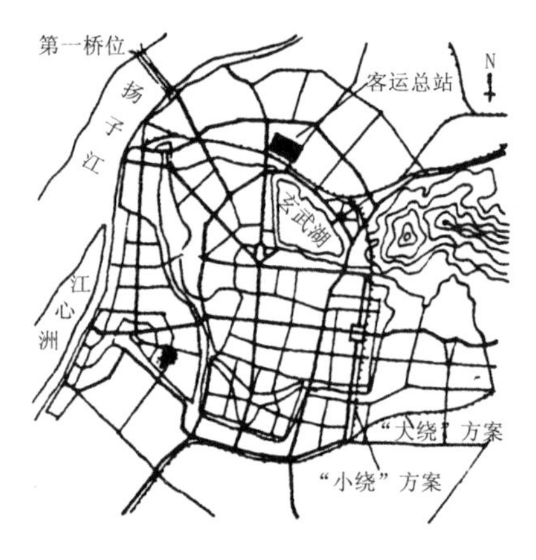

图 5-1 “分区计划”交通规划图

（三）“初步规划”——“苏联模式”的修正

继“分区计划”编制后的第二年，南京市政部门结合国家政策的改变与实际发展的需求，重新制订南京城市发展计划——“南京市城市初步规划”（后简称“初步规划”），“初步”二字反映规划者更加审慎的态度及规划的保守性。

1. “初步规划”的编制背景

“分区规划”编制后，虽曾提交建工部，但未获得正式批准。1954 年南京地区突遭百年未遇的特大洪水，浦口、下关沿江被淹，港岸坍塌，严重威胁南京铁路运输和工业生产的正常进行。为了克服和排除自然灾害带来的严重影响，南京市政部门全力投入抗洪救灾的抢险工作，城规工作暂被搁置下来。

1956年，在国家对私有制社会主义改造基本完成和加速社会主义建设之际，中央政府重新考虑了社会主义建设中的“十大关系”[7]，其中对于沿海工业与内地工业，中央提出“要更多地发展沿海工业，以促进内地加工业”新的政策和方针。在这一新政策的影响下，南京作为重要的沿海城市终于迎来新的基建时期，随之城市规划再次被提到议事日程上来。在国家开始提倡节约精神、反对形式主义和教条主义的新形势下，套用“苏联模式”、构想宏大的“分区计划”显然已不合时宜。南京城建局在总结“分区计划”的基础上，结合新政策与新形势，重新编制城市规划，“初步规划”即是在这种总结与反思的过程中制订形成。

2. “初步规划”的指导思想

从全国范围来说，“一五计划”开始实行后，许多城市为改变旧城面貌，尽快建成“理想的社会主义城市”，而拟订出庞大的发展计划，大拆房屋，放宽马路，大兴土木热火朝天，基建景象处处可见。一些有重点工业项目的城市，在制定规划中更是求大求新，有的完全撇开旧城，一切从平地建起，“把摊子铺得很大，把城市建设得很分散，增加了各种市政建设的费用”[8]，这种“刚起步，就想跑”“急于求成”的高速发展给国家财政造成了极大压力和困难。为了缓和这一局面，国家对城市的规划建设提出了新的口号，即：“必须反对那种不切实际的，过高估计人口的增长率，盲目搞‘大城市’的思想做法。各建厂单位在进行工业基本建设或生产时，应尽可能提高原有城市的利用率”[9]。针对于此，国家建委在1955年召开的城市建设问题的座谈会上提出了“发展中小城市，限制发展大城市”的规划原则。同年，《人民日报》亦发表了题为《坚决降低非生产性建筑的标准》的社论。社论指出，要用节约精神重新进行城市规划设计，要求纠正在城市规划中存在的规模偏大、标准偏高和对现有城市利用不够的倾向，同时亦要求纠正因追求城市的“艺术布局”而可能造成浪费的缺点。实际上，这些都是针对套用“苏联模式”不当而言的。

国家对城市规划建设提出上述新的口号与原则自然也成为南京城市“初步规划”的指导思想。根据国家新的政策精神，南京市政部门又具体规定了“初步规划”基本原则：其一，限制城市的发展规模。认为如果今后城市规模仍继续扩大以至超越规划范围，就应当发展郊区工人或卫星城，以此疏解主城压力。其二，了解现状，承认现状。在城市原有基础上逐步改善。其三，城市发展应由内向外，填空补实，反对全面铺开，分散发展。其四，反对形式主义与教条主义，强调具体国情与经济的可行性。可以说，这种新的规划指导思想与原则完全是对 1954 年“分区计划”指导思想的补充与修正。

3. “初步规划”的基本内容

“初步规划”的基本内容与“分区计划”大致相同。其中包括人口规划、功能分区、中心区规划、干道系统、铁路枢纽、港区规划、排水、给水、河湖、绿化、电力、电信等等。

在人口规划方面，规划者设规划限期为 15—30 年。 1956 年南京现状城市人口为 1 001 501 人[10]。为贯彻国家“限制大城市发展规模”的精神，规划者确定南京城市人口的远期规划为 130 万人，其中基本人口为 39 万人，占总人口的 30%；服务人口为 23 万多，占总人口的 18%；被抚养人口为 67 万多，占总人口的 52%[11]。据 1956 年全市人口年龄统计推断，规划制定后的十年内逐年超过 18 岁的青少年共有 22.64 万人，在规划区内的估计有 17.4 万人，而南京的职工人数再增到 26.9 万人，就会导致城市总人口越出 130 万人的规划标准。故规划者认为在十年内南京城市人口的机械增长必须成负值才能保证人口规划定额。因此规划者强调，为实现这一规划目标，全市必须提倡晚婚节育，限制农村人口进城市，限制从其他城市调入职工，并组织多余劳动力从事农业生产或支援其他地区的建设，力图通过以上各种方式控制日益增长的城市人口。

在分区规划方面，根据 130 万人的规划指标，规划区用地面积计为 139 平方公里。工业用地规划一般承认现状，就地扩建。新建和迁建的工厂，根据“经济与安全兼顾”的原则，分别集中在中央门外和中华门外的工业区内（见一览图）。新的文教区拟向东郊布置。航空学院以东和以北地带可以先安排并逐步向孝陵卫以东发展，教职员工住宅则以孝陵卫为中心规划。规划区内的居住区由内向外，由近及远逐步发展，在近期发展阶段以现有城区为主，充分利用现有建筑。远景阶段居住区以向西郊发展为主。

在交通规划建构方面，城市干道系统按照不同的功能分为三类：一为市区主要干道，二为工业运输道路，三为对外公路穿市区线，主要考虑长江大桥建成后南北公路和交接汇成一个系统的问题。另外在铁路规划方面，市内铁路拆除后，南京市政部门仍主张利用抗战前尧化门至中华门的老铁路路基，而铁道部设计院则提出从玄武门以东经富贵山、中山门外，光华门至中华门的穿城方案，两种规划作为甲乙方案暂不定论。关于长江大桥的桥位初定于下关原和记工厂下游至北岸浦口临江村附近（图 5-2）。客运总站拟在玄武湖畔（图 5-2）。

关于市中心，原“分区计划”拟在鼓楼。规划者认为鼓楼地形复杂，交通频繁，在建筑艺术布局和将来集会游行等问题上均有困难。因此拟改市中心在中山路与珠江路交叉口处，珠江路口位于新街口与鼓楼之中段，其附近没有高大建筑，地势平坦，布局较易入手，将来实现的可能性较大(图5-2)。关于城市的副中心，规划者根据人口分布和地形情况，初步规划迈皋桥、热河路、三牌楼、建康路、御道街口、孝陵卫、江东门等共设七处。

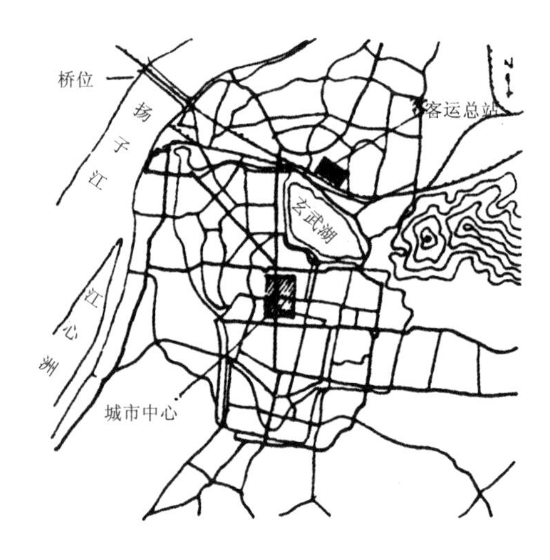

图5-2 “初步计划”内外交通关系图

（四）两部规划的分析比较

虽然分区计划与初步规划皆制订于“一五”时期，但因前后条件的变化，两部规划在规划模式与设计思想上，规划发展方向与重心上以及在具体的分区结构形态与干道结构形态等方面都有很大不同。

1. 设计思想与规划模式的不同

“分区计划”的设计思想与规划模式基本上直接引借了苏联城市规划

建设的指导思想及各种指标和规范（如人口指标、用地平衡指标、建筑标准、城市布局形式等）。在缺乏社会主义建设经验的条件下，城规工作引借苏联的经验与模式可以说是我国城规建设的必经阶段。在模仿、套用苏联城市规划模式的过程中难免会带有理想主义、形式主义及大城市思想之色彩。但就当时的国情来讲，我国人多地少，生产落后，尚处社会主义建设的起步阶段，与苏联的国情有很大不同。苏联城规积累的经验并不都符合中国的实际，故“分区计划”的客观构思缺乏实际意义与效用；“初步计划”否定了“分区计划”的建构思想，在批判“分区计划”形式主义与教条主义的基础上，规划者开始审慎对待“苏联模式”，强调结合国情，注重规划方案的现实性与可行性。在短短的一年里，这种从理想主义转向现实主义的过程，绝不是南京城市规划实践的自发结果，而是全国基建“过热”及国家政策调整的具体反映。

2. 规划用地扩展方式的不同

在城市用地的扩展方式上，“分区计划”采用的是“同心圆”的扩展形式，而“初步规划”却采用的是轴向扩展形式。“分区计划”以旧城区为核心，全方位安排城市用地，反映出“分区计划”对理想构型的追求以及侧重城市用地的远景发展。因为“分区计划”的建构是以“苏联模式”为依据，以主观构想为预设，在缺乏充分客观依据的条件下（如基建投资多为未知数），规划者更加注重方案本身和合理性，却忽略了方案的可行性；而“初步规划”是在国家调整基建政策以及总结实践经验的条件下编制的，为缩小规划用地规模，减缓城市用地扩展速度，即为了“避免分散，集中投资，提高效益”，“初步规划”拟城市用地改向开发条件较好的东、北地段拓展。城市中心改在“地势平坦，不受高大建筑影响”的珠江路与中山路口地带，以利于规划方案能更好地实现。

3. 分区结构形态的不同

从分区结构形态上看（见一览图），“分区计划”的分区建构不仅范围广大（规划面积为 260 km^2），而且区块完整、明确，规划带有明显的主观性与理想性；而“初步规划”的分区建构却与此相反，与前者相比，分区规划的范围已大大缩小（规划面积为 139 km^2），而且在分区形式上两者前后差异的直接原因可认为是规划思想的改变，而这种改变又进一步取决于现实环境条件的反馈或改变。因此说，分区规划范围的缩小是“发展大城市”向“限制大城市”规划思想转变的具体反映。同时在制定“初步规划”过程中，为了贯彻“承认现状，由内而外，填空补实”等新的规划原则，规划者从过去大刀阔斧的规划设计转而在现状基础上进行适当调整，因此“初步规划”的分区形式呈现零碎分散的形态特征。

4. 干道结构形态的不同

在城市干道的建构方面，“分区计划”受苏联城市干道布局的影响十分明显，规划采用了对称布局手法和环形放射的结构形式，可以说是苏联典型城市的一种翻版，如莫斯科与列宁格勒等城市的路网形式都是环形放射，讲求对称布局，带有典型的巴洛克遗风。然而，南京城市因受地形、地貌和水文条件的限制，其干道布局，很难对称，一些放射干道与环形道路不得不被山水之隔所阻断（如紫金山与玄武湖所处的位置从客观上阻挠了对称构型），在这种条件下，硬是追求对称与环形放射，只能使干道建构流于形式，在功能上却失去了实际意义（见一览图）。

“初步规划”在干道构建上对“分区计划”进行否定。在这次规划中，规划者不仅放弃了环形放射建构形式，而且在许多局部做了大量的调整，如减少增辟道路，保持城市干道的原有框架，从而降低建设投资，使规划方案更接近现实（见一览图）。

（五）两部规划对城市结构形态发展的影响

从规划的执行过程来看，“分区计划”与“初步规划”的实效期限都十分短暂，“分区计划”编制后，因国家建设政策的改变及南京地方遭受水灾而使“分区计划”的基本构想失去了实际意义；“初步规划”刚完成，即受到“大跃进”运动的冲击，但通过规划的沿承性，两部规划对其后城市的建设发展起到过一定的影响作用。

1. “分区计划”对城市发展的影响

“分区计划”由于直接套用“苏联模式”而表现有理想主义、形式主义的规划特点，它的许多规划设想未能实现，如设火车总站于和平门外，设汽车总站于中华门外，营建城市中心于鼓楼，计划搬迁南京大学于东郊，调整沿江岸地，搬迁军港码头，开辟环形放射干道系统等等，这些构想都未实现。另有一些规划定额指标——如城市人口 200 万，城市用地 260 万 km^2（以 1972 年为限）——时隔一年亦被否定。但这并不意味“分区计划”为一纸空文，在另一些方面它对南京城市的发展也起到过积极作用，如对城市用地性质的划分，铁路、大桥的选址定位，城市用地开发的步骤等都基本符合城市的实际发展；另外，“分区计划”按照社会主义城市建设的规划原则、方法与要求进行规划设计，这在南京当代规划建设史上起到了一定的先导作用。

2. “初步规划”对城市发展的影响

虽然“初步规划”在总结“分区计划”的基础上摆脱了教条主义与形式主义的束缚，但又陷入保守、拘泥于现状的另一个极端。如在“承认现实”

的原则指导下，亦对中央门外工业区与居住区交错混杂的现状给予了“承认”，某些干道红线的规划迁就原有房屋，使规划道路难以规整，因此使路网构型存在弯曲多变之缺点。尽管“初步规划”存在过于迁就现状等问题，但其远期规划的构想却与后来城市的发展基本符合，如工业用地以北部为主，文教用地向东扩展，长江大桥的定位，铁路总客站选址于玄武湖畔等构想得到了实现。除此之外，“初步规划”对南京城市发展的最主要影响还在于首次提出“限制主城的发展规模”，建议发展卫星城来疏解主城区的环境负担。

3. 城市发展的实际状况

“一五”时期，南京不属于国家重点建设地区，城市建设主要是在原有基础上进行力所能及的发展，其中工业与文教用地的扩展比较突出。

在工业方面，一是利用民国时期留下为数不多的电器、化工、机械工业企业，如铁路系统的浦镇工厂，民族资本家经营的永利铔厂、中国水泥厂等，在其原有基础上进行改建扩建；二是通过社会主义对私改造，将分散的手工业和私营工业逐步合并扩大，在城市的内部进行结构性调整；三是在郊区新建雷达通信、机电、手表、修船造船等工厂，因此可以说这一时期南京的工业从内到外，从旧到新都有一定程度的发展。

在文教方面，1952 年院系调整，在南京成立了南京大学、南京工学院、南京艺术学院、南京中医学院、铁道医学院等高校，有的利用原有校址进行扩建，有的则另选新址向外发展，这一时期的高校建设为南京的文教事业打下了新的基础。

“一五”时期南京城市用地扩展的主要形式是原有企业单位就地发展，

新厂、新校则围绕城墙内外开辟新的用地。工业用地尤以机械工业为主。经过这几年的建设，南京城市建成区的规模由解放初 42 km^2 67 万人，到 1957 年扩大为 54km^2 99.6 万人。

二、“规划跃进”与假城市化现象（1958—1960 年）

1957 年以来，正当规划工作者认真总结“一五”时期的规划经验，修正“苏联模式”，开始强调勤俭建国、结合国情进行规划建设的时候，伴随第二个五年计划的到来，一场席卷全国的“大跃进”运动如狂飙骤起，一时间，刚被否定的“冒进”思想又重新抬头，刚恢复平衡的国民经济再次面临失调的危机。工业在“跃进”，农业在“跃进”，文教科技也在“跃进”，在这种形势下，城市规划也被推到“跃进”的起跑线上。

（一）“大跃进”运动

1958 年至 1960 年在我国开展的“大跃进”运动，是一场自上而下的，波及我国社会、经济、文化等各个领域的全民性运动。由于这场运动只凭狂热的主观愿望而不讲理性与科学，其最终造成的后果是严重的，在城规建设方面也是如此。

1. 规划面临的挑战

“大跃进”运动的来临十分迅猛，各行各业都要大发展，到处要拨地，到处要规划，时间紧迫，任务繁重，计划多变，城市规划工作因此陷于被动状态，我国的城市规划工作从上到下都开始面临严峻的挑战。为此，1958 年 7 月，国家建工部在青岛召开了全国城市规划座谈会，这次会议根据“大跃进”的形势提出：工业“大跃进”了，城市建设、城市规划也要来一个“大跃进”。会议指出，在新的形势下，我国城市规划要以地区经济建设的总体为着眼点，要大、中、小城市相结合。在城市规划的标准定额上，会议认为原建委规定的定额太死，不符合“大跃进”精神，决定规划标准可由地方自定。在工作方法上，会议要求城规管理部门应该“解放思想，简化程序”，生产建设到哪里，规划就到哪里。在这种会议精神的影响下，许多地方出现了“巡回规划”“快速规划”的工作方式。虽然很多规划编制粗糙，缺乏依据和科学性，但在“大跃进”时期，城市规划工作对抑制更多的盲目发展亦起到过一定作用。

2. 南京城市规划的“大跃进”

1958 年至 1960 年三年期间，是南京城规部门从事规划工作的非常时期，较其他时期而言，这一时期的规划思想最“解放”，规划内容最庞杂，规划编制最频繁，但规划效果并非最理想。从整体角度讲，这一时期的规划工作既有主动的一面，更有被动的一面，规划对城市建设既起了积极的影响，同时亦产生了消极的作用，这是南京规划发展史上出现的一段充满矛盾的特殊时期。在此期间，南京规划部门主要进行了南京地区的区域规划、卫星城镇规划、城市总体调整规划、人民公社规划，以及为配合大炼钢铁而进行的高炉、土炉选点，工厂选址等应急性规划等。这些规划可以说是南京城市规划“大跃进”的总体体现。

3. 新的规划观念与模式

城市规划的“大跃进”必然是建立在规划思想“大跃进”基础上的。从“一五”后期到“大跃进”时期，我国城市规划的指导思想发生了根本转变。虽然 1957 年城市规划的指导思想反对生搬硬套“苏联模式”，1958 年的规划思想同样反对依附“苏联模式”和经验，但两者的出发点完全不同。

前者认为："苏联模式"标准过高，不合国情，我国城市的规划建设应该根据我国"人多地少底子薄"的具体情况来确定规划目标和标准；而后者却认为："苏联模式"标准还不够，中国人应当破除迷信，发挥独创精神，调动全民积极性，将实现共产主义的宏伟计划更加提前。这种思想进一步发展成两种新的规划观念：其一，既然国家决定加快向共产主义过渡的步伐，规划工作者就应响应这一号召，努力为缩小城乡差别多做工作。为此，规划工作者需将规划视野由城市放宽到更大的区域，即从区域规划入手，才能实现"工农并举，城乡并举"之目的。其二，既然国家在短时间内将实现现代化工业、现代化农业及现代化科技等，有这些现代化作基础，城市建设的现代化也就势在必行。既然城市建设要早日实现现代化，那么"一五"时期国家建委制定的规划标准，已显然不合时宜，于是再次产生了放宽规划限制、继续发展大城市的规划思想，进而形成农村要发展，中、小城市要发展，大城市也要发展的新模式。

4. 区域规划

"南京地区区域规划"是"大跃进"时期南京编制的主要规划。1958年上半年，与南京市区毗邻的江宁、六合、江浦三县被划入市的范围，总面积由778 km^2扩展到4 535 km^2，全市共有270.2万人。在这一区域范围内，规划者"根据市委和部在青岛召开的规划会议关于划分经济协作区开展区域规划工作的指示"⑫，开始解放思想、跳出城市规划的圈子，面向城乡，深入县社，以三个月的时间完成了这部"南京地区区域规划"。

该规划"从远期着眼，近期着手，用远近结合的方法组织地区经济大协作"⑬。在总图布局上，试以工业布局和农业用地规划为主，全面进行安排，综合提出三个五年计划期间的轮廓部署，其基本内容包括五个方面。

第一是农业用地规划。规划者认为，农业用地比重大、影响面广，制定农业土地利用规划必须考虑农、林、牧、副、渔相互依存的关系，必须合乎“以粮为纲，全面安排”的方针，“以适应水利化、园林化、农业机械化和电器化的发展趋势”[14]。农业规划提出的具体方向是：畜牲上山，池塘养鱼，冲田和圩田种植稻麦，池地多种杂粮，丘陵造林，城镇郊区发展蔬菜等。为此，规划者将南京农用地分为农田区，林业绿化区，畜牧饲料区及水产区，并分别在总图上进行平衡。

第二是水利规划 。水利规划的标准要求达到“历史上最旱年份不受旱，一日最大暴雨而不成涝，千年洪水不出险”。近期规划标准是“百日无雨保灌溉，二十年暴雨不成涝，百年洪水不出险”。为此，规划在山区选择了三面环山的地形，布置了大、中、小水库数百座，并以“等高河”使库库相连，相互调剂。

第三是工业布局规划。规划者认为：工业的合理布局规划，有助于原有集镇向卫星城或工业区的方向发展，从而促进工业支援农业，逐步缩小城乡差别。根据这个原则精神，规划要求一千人以上的工厂不再放在城市内，按照工厂的性质、资源分布和地形特点，以及集镇原有的基础和厂际的生产协作要求，将分类安排于东山、板桥、甘家巷等二十多个工业区域卫星城内。

第四是水陆交通网规划。规划对交通网的要求是：水陆并重，水陆相连，调整和利用原有公路系统，以公路系统和宁浦铁路枢纽为骨干，扩展简易公路和铁路，通向大片田地和边远矿区。在全面发展工农业，组织地区经济大协作的前提下，规划亦强调了调整的重要性，规划者把长江南岸的干河（如秦淮河、江宁河、九乡河等）按地形条件裁弯取直，并在干河不发达的地区布置大沟，力求外通长江，内接河网，逐步实现排灌与航运并用，建构完整的水系。

第五是社区中心和居民点规划。规划者提出，为了便于进行大面积机耕，组织社员集体生活，试将分散的自然村进行有计划的合并，建立过渡性居民点。居民点规模应在 20 户至 100 户、300 人至 5 000 人之间，圩区及平原区的耕作半径控制在 1.5 km 至 2 km；丘陵及山区耕作面积控制在 1 km^2 左右。待农村经济条件有进一步提高后，再作二次合并。

在区域规划的总体布局上，规划者特别强调表现以主城为中心，以卫星城、社区中心为辅助的多等级城镇体系，以及“满天星”的布局结构。总体来说，这次区域规划不仅是一次理想主义的畅想，而且更是一次形式主义的再现。

5. 城市总体规划

南京城规部门为了跟上“大跃进”的发展形势，在规划标准放宽的前提下，对主城区规划又重新进行了调整。虽然调整后的方案在主体结构上基本保持了 1957 年规划结构的大关系，但在一些局部做了较大的补充和修正，具体表现在以下几个方面。

其一，由于受区域规划宏观思想的影响，主城区的规划范围开始冲破原有界限，与较近的卫星城相互延伸，在规划安排上几乎使主城与卫星城连成一片。从这种规划安排上可以看出，尽管规划者没有公开重提发展大城市的规划思想，但在实际规划中却完全体现了这一内涵。

其二，在城市分区结构上，这次规划对主城区原有分区未做重构，而在1957年规划方案的基础上将规划用地向北、向东、向南进行了较大的扩展，如在大厂镇规划安排了南京化学工业公司、南京钢铁厂、南京热电厂；板桥一带安排了第二钢铁厂、船用辅机厂；栖霞区安排了南京炼油厂等；城东规划扩大了文教区；城西仍持原规划意图，未安排任何内容。这次规划在分区方面重点设在对北城区中央门外一带的规划调整，如规划以城北新市区的和燕路为界，路东为生活区，路西为工业区。

其三，在铁路交通方面，该规划将铁路客运总站从原规划的玄武湖畔向东迁移到曹后村，并将车站以正南正北向布置，同时局部铁路弯道被取直，大桥过境交通避开城市干道等。

其四，在城市干道结构上，规划对1957年规划方案中的一些弯曲干道进行了取直和拓宽（见一览图），增加路网密度，并具体规划新建、扩建了北京东路、北京西路、鼓楼广场、太平北路、长乐路、雨花台至安德门路等。另外还突击规划修建了全市通往工厂、矿区的道路系统。

从规划总体结构上看，这次调整规划要比1957年的规划结构更为合理，特别是在干道结构调整上反映出这一点。

6. 卫星城规划

关于卫星城规划，在南京的民国末期就曾提出，当时主张发展卫星城的主要目的在于解决国防问题；新中国成立后，“一五”后期南京市政部门又重提卫星城规划，其目的都是为了疏散城市人口，减缓主城承受的过大压力；至“大跃进”时期，提倡发展卫星城主要是以此为手段，缩小城乡差别，加强城乡联系。而“大跃进”末期提倡发展卫星城的目的又转回到疏散主城人口、减轻城市负担。

“大跃进”后期，南京城规部门按照桂林会议提出的“以发展中小城市为主，对现有大城市要加以适当控制，对特大城市要加以压缩和调整，在大城市周围建立卫星城”的精神，计划压缩主城规模，将城市人口由现有的163万压缩到120万人。为了配合这一计划，南京城规部门又制定了南京地区卫星城规划。这次卫星城规划的基本原则主要有四个方面：①卫星城规划应作为区域规划的深化内容。按区域规划以12年为限的规定，卫星城规划亦以12年为限。②卫星城的选址应在工农业生产充分利用资源的前提下，充分利用长江、铁路、公路和集镇的原有基础。③卫星城的数量和规模必须考虑到人口的来源，即“农转非”量的可能性。④卫星城镇的规划既要考虑到本地区以母城为主的关系，又要考虑到邻近城镇的关系，要从12年设想期内着手，又要为12年后创造条件留有余地。

根据上述原则，这次规划计选十个卫星城，江北地区有冶山、六合、爪埠、大厂镇、珠江和桥林。江南地区有汤山、湖熟、秣陵和板桥；工业区计选五个，即龙潭、燕子矶、甘家巷、淳化和凤凰山；矿区计选三个，即灵山、梅山和云台山等。

关于卫星城与母城之间布局结构，在规划过程中存在着卫星城距城太近的问题，如浦口、大厂、板桥、珠江等卫星城距母城只在5—20 km范围之内，没有达到国家规定的30—50 km的标准。这种布局结构虽然是在客观基础上发展而成，但若作为卫星城就会因距离太近而失去意义。

7. 其他规划

在“大跃进”期间南京规划部门除制定了区域规划、城市总体调整规划及卫星城规划之外，为配合“大跃进”形势的需要，还编制了农村人民公社规划、城市人民公社规划、大中型企业选点规划、旧城改造规划、炼铁基地规划等等，其种类之繁多，应急之紧迫是任何其他时期都不可与之相比的，当时城规部门似乎是以“多”和“快”作为城市规划“大跃进”的体现和象征。

（二）“规划跃进”与南京城市的客观发展

一般来讲，城市规划与城市客观发展之间存在着一种互动的辩证关系，即城市的规划设计必须以城市的客观发展规律为依据，而城市的客观发展又反过来接受城市规划设计的约束、支配和引导。如果城市规划对城市的发展失去了约束和支配作用，这往往是因城市的“亢进性”发展而降低了城市规划的积极意义。

1. “规划跃进”的被动性

从表面上看，“大跃进”时期的城市规划不仅覆盖面广，而且内容量大，如规划的空间范围从城市开发区扩展到包括广大乡村的整个地域，规划的内容亦增添了更多的专门性规划和尝试性规划，如城市公社规划、水利规划、炼铁基地规划等，似乎这一时期的规划建构具有很大的积极性与主动性。实际上，在城市规划与城市建设之间，并非是前者决定后者，而是城市的“客观”发展牵动城市规划被动地进行。换言之，即“大跃进”规划表面上具有主动性而实际上却处于被动地位，如当时流行这样一句口号：“生产指向那里，规划工作就跟到那里”。这表明，工业发展不是服从城市规划的总体安排，而是规划安排迁就工业的发展。“大跃进”时期，工业部门需要哪块地，规划部门就划拨哪块地；工业部门需要多少地，规划部门就分配多少地。似乎只有这样才符合“大跃进”思想，或只有这样才能适应“大跃进”的发展。

归纳起来，造成“规划跃进”被动的主要原因有二：一是规划管理机制不合理、不健全。就当时的管理体制而言，规划者缺乏对城市规划的决策权，城市规划更多地充当了为政治服务的一种工具。如规划部门为配合大炼钢铁进行炼铁基地规划时，规划者从保护环境的角度出发，反对在城区内建造土炉群，但这一建议被决策者所否定。最终规划部门只能按上级旨意进行安排，反过来又出现了“不问土洋大小高炉及地理条件一概同意的错误倾向”⑮。

二是国家计划的迟滞与多变。一般都认为：在计划经济体制中，城市规划往往是国家经济计划的继续和深化，城市规划应以国家经济计划为依据。但规划的编制过程中经常遇到“国家计划定不下来，或者定了又变，或批准不及时等问题，有些当年计划在三季度尚未下达，往往是年前松年尾紧，致使规划与计划时常脱节”。于是在规划实践中以计划为依据的意愿不得不落空，规划工作因此显得更加被动。

2. 假城市化现象

“大跃进”期间，南京城市发展出现过两种反常现象：即城市的假性膨胀及城市的结构性失调。

城市的假性膨胀主要反映在两个方面，一是城市用地的规模扩展，二是城市人口的骤增。工业的迅猛发展是城市假性膨胀的根本原因。在“大跃进”三年期间，南京工业基建投资直线上升，达62 500万元，比“一五”时增加了4亿多元，为“一五”投资的三倍之多[16]；三年中划拨基建用地面积占新中国成立后总拨地面积的56%，城市建成区由1951年的55 km^2迅速扩展到1960年的82 km^2[17]。但城市用地的扩展并不是以坚实的经济基础做后盾，而纯粹是一种人为的冒进盲动。由于城市土地的无偿使用，许多单位在征用土地时大都是多征少用，早征迟用，或征而不用，因此造成城市用地的“肿胀现象”。

在人口方面，城市工业过猛的发展，吸引了大量农村人口流入城市，如南京1957年城镇人口才有115万，而到1960年已达142万，短短的三年，城市人口增加27万，其中工业职工就增加了12万多。城市人口的骤增，大大增加了城市的负担，住房、交通、基础设施、计划供应等都跟不上城市人口增长的要求，致使城市生活质量下降。有人称这种现象为“假城市化”现象。

除城市的假性膨胀外，城市的结构关系亦产生严重的失调现象。仅从城市基建投资的结构上，“大跃进”期间南京城市基建投资总额为89 335万元，其中工业基建投资为62 561万元，占总投资额的70%，而城市公共事业投资仅为2 584万元，城市住宅建设投资仅为2 120万元，各占总额的2.9%和2.4%。由于投资结构比例不当，造成城市的生产与生活、局部与整体、近期与远期等关系的失调，严重影响了城市建设的正常发展。如辟建道路而不设上下水道，增加城市人口却不增建居民住宅（“大跃进”期间南京人均居住面积从4 m^2下降到3.333 m^2左右）[18]等结构性失调，给城市的发展带来了严重的后遗症。“大跃进”过后，被迫疏散城市人口，回收划拨的土地，否定规划的积极作用等，都是假城市化造成的不良后果。“大跃进”时期南京城市建构呈“亢进性”发展，其直接动因既不来自于城市的自构因素，也不来自于城市规划的建构安排，而是来自于国家政策的变化和城市发展总的背景环境——全方位“大跃进”的直接促动。

三、对规划建设的两次否定（1961—1974 年）

“大跃进”之后，从“三年调整”到“文化大革命”，南京城市的规划工作同全国一样经历过两次否定过程。

（一）全国性的反思与调整

“大跃进”运动是一次席卷全国的全民性运动，由于运动不顾事物发展的客观规律，在制订计划中只讲需要，不顾可能；只凭主观，不顾客观；只追求高速度，不讲求按比例，致使“大跃进”三年的建设表现出“重积累，轻消费；重工业，轻农业；重数量，轻质量；重建设，轻生活”等失衡现象，造成整个国家经济比例严重失调，破坏了社会再生产内部各个环节的内在联系，使国民经济的发展陷入了严重困境。

在“大跃进”时期，由于许多城市编制的规划出现了“规模过大，占地过多，标准过高，求新过急”的“四过”现象，在某种程度上对“大跃进”运动起到过推波助澜的作用，因此在进入调整时期，一部分人对城市规划工作产生了错觉，他们将“大跃进”过程中的一些失误归咎于城市规划，以至于 1960 年底的全国计划会议上宣布了“三年不搞城市规划”的消极决定，城市规划人员因此成为省、市部门首批精简下放的对象。虽然城市规划机构尚保存下来，但人员相对减少，而且国家明确规定城规部门只作调查研究，而不做规划，也不进行规划业务的指导。三年不搞城市规划，并不等于城市不发展、不变化和不存在，相反，城市中几年积累下来的矛盾，早已暴露出来，而且越来越突出，这正是“调整”的重要内容。总起来讲，“三年不搞规划”造成了我国城市规划工作的技术力量的很大削弱，是我国城市规划事业的一大损失。

为了摆脱这种日益严重的困境，中共八届九中全会批准了“调整、巩固、充实、提高”的“八字方针”。从此，我国国民经济的发展进入了“三年调整”时期。

（二）南京城市建设的全面调整

在三年调整时期，南京市政部门在缩减规划人员的条件下，为了认真贯彻国家制定的新政策，对南京城市发展又提出 “缩减城市人口，严格控制城市土地，支持农业建设”新的规划方向。

在缩减城镇人口方面，市规划部门提出了三个方案，即方案一：计划将南京城市人口缩减到 100 万（1961 年南京实有城市人口为 136 万）；方案二：计划缩到 90 万；方案三：计划缩到 80 万。即使将南京城市人口压缩到 100 万，市政部门除要考虑城市人口的机械增长和自然增长外，还要在三年内每年疏散 10 万多城市人口。为了实现这一计划，南京市府决定在三五年内迁移出一批工厂、学校和服务性行业，同时加紧发展郊区和三县小城镇建设，其中以大厂、板桥、燕子矶等五个卫星城和四个工矿区为重点，吸收外迁单位，争取将城市人口恢复到 1957 年的水平（约 110 万）。然而经过三年城区人口疏散工作，城市人口的机械增长虽然得到了控制，但缩减计划并没达到预期目的。至 1962 年，南京城市人口仍保持在 133.4 万的规模水平。

在城市用地规模调整方面，“大跃进”三年带来的问题亦相当严重。“大跃进”期间，由于各个发展单位在确定目标时都贪多求大，在申请征用土地过程中常多征多报，而规划管理为配合“大跃进”运动的高速度，没有充分的时间对申请单位的征地要求进行认真分析。当时规划的指导思想是“一切为生产服务”，哪里需要生产用地，规划就把土地划拨到哪里。基建单位要得紧，规划部门管得松，因此出现了对土地“征而不用，早征迟用，多征少用”的浪费现象，使南京建成区面积在短短三年中迅速增加了 27 km^2（城区扩展范围是：北到中央门迈皋桥，南至中华门外安德门，东抵中山门外孝陵卫，西达水西门外江东门。长江之北的浦口、浦镇和大厂镇等大有扩增）。因此在进入三年调整时期后，回收多征土地的工作成为调整时期的又一重要任务，南京市政部门本着“坚决、彻底、全面、干净”的精神，对浪费土地的单位和现象进行了全面清查，据当时的统计，南京因“多征少用，早征迟用，征而不用”所浪费的土地近 2 万亩，从 1961 年到 1962 年共收回征而未用的土地近 1.3 万亩，还有一些基建下马单位未经正式退地手续将不用土地退还农民约 5 000 余亩，共退 1.6 万余亩。通过这项回收多征土地工作，终于扼制了城市用地规模的假性膨胀，但城市外围用地的松散布局却已定型。

（三）对规划建构的再次否定

经过三年调整，南京城市建设基本恢复正常。城市建设又进入了一个有序的发展阶段。但 1966 年“文化大革命”开始后，正常的社会秩序遭到了严重的人为破坏。同全国各地一样，南京规划机构被撤销，城市发展完全处于失控状态。在失管失控的状态下，城市内部违章建筑到处兴建，它们首先挤占零星空地，继而发展到在公街公巷搭房造屋，或围墙建场，使城内“大路稀、小路窄”的矛盾更加突出。当街道工业发展起来后，违章建筑更难管理，城区内乱造乱建的现象愈演愈烈。

在城区外围，工矿企业随着选址定点，城市用地沿铁路、公路盲目扩大，继续向外围延伸，布局分散杂乱。如中华门外、光华门外等近邻郊区预留地的规划路幅纷纷被基建单位和个人随意占用，再如1968年在中央门外兴建的铁合金厂打乱了燕子矶、迈皋桥一带的功能分区，占用了原规划的生活区用地，影响了这一地区生产、生活用地的组织，并带来了严重的污染问题。

同时在"文革"当中，园林绿化被定为封、资、修的东西而遭到无情破坏，广大的风景区、公园被占用，如清凉山公园以东部分被安排作为自来水公司铸管厂；玄武湖岸安置一座既碍风景又不失安全的煤气罐；鸡鸣寺被无线电元件厂占据（后又失火将寺内建筑烧毁）；栖霞寺被测绘部队占用等等。总括起来，南京公园和风景区被单位侵占面积近4.5 km^2，50年代经管的林园田地也被占去2/3。到1979年止，全市绿化面积比1965年减少了1594.2 hm^2。

另外，在"文革"期间城市人口非正常的迁移过程亦给城市的发展带来了消极影响和巨大冲击，如"文革"前期，南京下放知青、干部与居民有二十多万，同时补进一些复员军人及家属人口；但到"文革"后期大量下放人员陆续返城，部分返城人员到处搭建临时住房，使违章建筑又失控失管，大大加重了城市环境负担。

虽然"文革"期间的城市建设是由南京市革命委员会生产指挥部总体负责，但城市的基本建设却缺乏总体规划的控制与指导，在这种条件下长官意志是决定基建过程的主要依据，因此这一时期，房屋和市政公用设施失修失管情况十分严重，城市建设三项费用被大量挪用（约占1/3），基本建设中，非生产性建设投资比重仅占11%，因此老账还得少，新账又增加，“骨肉”比例关系严重失调。

四、“圈层式规划”的理想与实践（1975—1988年）

“圈层式规划”是新中国成立后南京最有影响，也是唯一获得国家正式批准、具有真正权威性的总体规划。这次规划的编制与实施具有其特殊的背景与意义。

（一）秩序的恢复与重建

“文化大革命”对我国社会环境及物质环境的破坏可说是史无前例的。当旧事物被“破除”到一定程度而又没有新事物取代时，现存事物为了维持其发展的延续性，则必然要回归到事物原有的位置和状态。“文革”后期，我国社会与经济等方面秩序的整顿与恢复即印证了这一点。

1. 国家城规工作的恢复

在计划经济体制下，地方城市建设的整体变化，在很大程度上取决于中央政策与管理的改变。从这种意义上讲，国家城建机构的整顿与恢复则是地方城市建设发展的前提条件。

1972年2月，国家建委根据中央的指示精神，提出准备召开全国城市建设会议，其后辽宁、吉林、黑龙江、河南、山东、四川和天津等省市先后召开了城市建设座谈会。1973年5月，国务院转批了国家计委、建委和财政部《关于加强基本建设管理的几项意见》，文中提出了“城市的改建和扩建，要做好规划，经过批准，纳入国家计划”的具体规定。由此，国家重新明确了城市进行规划的必要性，同时也确定了城市规划的审批程序及实施程序。1972 年 12 月，国家建委设城市建设局，主管城市规划和建设工作。 1972 年 9 月，建委城建局在合肥召开全国城市规划座谈会，草拟了《关于加强城市规划工作的意见》《关于编制与审批城市规划的暂行规定》及《城市规划居住用地控制指标》等三项文件。 1974 年 5 月，国家城建局将《关于城市规划编制和审批的意见》下发试行。从此，我国十多年来废弛的城市规划又有了编制和审批的基本依据。

2. 南京城规机构的重建

城规机构的重建是恢复城市规划工作首要的任务。在国家重新提出城市规划工作的必要性之后，当时的南京市革命委员会城建组，于 1972 年便调回一批专业人员，开始恢复南京城市规划的管理工作。1973 年，南京城规工作逐渐加强，规划人员着手拟定了“1973—1980 城市建设长期规划”。这是一份恢复开展规划工作的意见性文件，这份文件除对南京城市现状问题做了阐述外，还强调了恢复规划工作的必要性及以后几年的工作打算。其工作计划的重点是“调整城市布局，认真建设新城镇，充分利用、改造旧市区，加强规划管理的领导”等。1974 年 4 月，在全国恢复城市规划工作的过程中，南京城建局规划处正式得到上级批准，中断八年之久的城规工作重新得到社会承认。

（二）“圈层式规划”的雏形

“圈层式规划”方案虽然是 1978 年开始制定、1980 年最后完成的，但其规划的主导思想在 1975 年草拟的“南京城市轮廓规划”中就已隐现。

实际上“南京城市轮廓规划”可视为南京“圈层式规划”的雏形。

1. “轮廓规划”的编制背景

1975 年，随着国家经济秩序的恢复与好转，城市基建项目不断增加，南京城市规划管理工作的内容与日俱增。虽然当时南京颁布了《南京市建筑管理办法》等若干管理条例，但由于规划管理部门在划拨基建用地时缺乏具体的依据，同时规划者对南京的发展前景缺乏远期目标，因此影响了规划管理工作的效率和预见性，使规划管理工作一直处于被动局面。为了扭转这种局面，适应城市建设发展的新需要，南京城规部门决定拟订“南京城市轮廓规划”，以应急需。在人手少、时间短、条件差的情况下，规划部门只能先编制一个粗略的轮廓规划，以此控制城市的发展方向，为今后正式编制总体规划做准备。

2. “轮廓规划”的主导思想

多年来由于城管部门的解体，城市发展几乎完全处于失控状态。城市内部住房紧张，交通拥挤，服务设施缺乏，违章建筑到处可见，城市的“骨”和“肉”比例严重失调；城市外围工厂、单位沿路而建，布局松散，分区混杂，环境污染等问题相当严重，可以说制定“轮廓规划”的主要任务就是为解决上述问题。但在解决这类问题的思想方法上，“轮廓规划”提出规划思想仍是控制城市发展规模，严格控制主城区的发展用地。规划者认为：只有控制城市规模，才能避免继续加重城市负担，缓减城市环境的恶化程度，为城市进行结构性调整争取时机。为了达到这一目标，“轮廓规划”提出具体的规划原则是：“改造老城区，充实配套新市区，控制发展近郊工业区，重点发展远郊城镇。”规划者试图通过发展远郊城镇来疏散城市人口，控制主城规模，以此实现“事业要发展，规模要控制”的目的。

3. “轮廓规划”的基本内容

“轮廓规划”内容在某种意义上更具有规划大纲的特点。“轮廓规划”首先确定南京城市性质为：“石油化工、机械制造、电子工业、钢铁工业为主的，轻、重工业门类齐全的工业基地、华东地区的水陆交通枢纽，东南沿海的军事战略要地，全省政治、经济、科技和文化中心。”这种城市性质基本是对现状性质的归纳描述。其次，在确定城市规模方面，“轮廓规划”在现状人口为103万的基础上，计划将城市人口控制在110万至120万以内，城市用地规模以市区外围菜地为限制地带；在分区规划方面，“轮廓规划”基本以承认现状为主，只在承认现状的基础上稍加调整（见一览图）。

在港口规划中，对龙潭、新生圩、上元门等码头预留了不同性质、规模的港区所需岸线和陆地；铁路增加的新线有：宁襄、宁杭、宁启、宁芜线，技术改造绕行方案走向基本明确。在公路方面规划了宁镇、宁杭、宁合（肥）等干线，公路的走向基本选定。

市区道路系统规划可概括为三句话：“打通南北，联系东西，外加一环”（见一览图）。

4. “轮廓规划”的结构分析

从模式结构的角度讲，“轮廓规划”提出“控制城市近郊工业区，重点发展远郊城镇”的规划思想中隐含的是一种分散主义的结构模式，更具体地说，这种模式即为“大分散、小集中”的结构模式（见一览图）。这种模式是在缺乏建设投资，但还力求提高有限投资效益的条件下所产生的折中模式。如果将新的建设项目集中在主城区，这当然会进一步加重主城区的“骨”“肉”失调，因此新的建设项目要向外疏散。但若将这些新项目随意分散在主城区外，这势必又造成基础设施重复建设和利用率不高的问题，因此在主城区外自然应相对集中建设，形成远郊卫星城布局结构，这就是“大分散、小集中”模式结构的现实意义。实际上“圈层式规划”提出的规划思想与“轮廓规划”基本是一脉相承的，但在模式结构上，“轮廓规划”不如后者表现得那样完整和具体。

从规划结构的角度看，其分区结构基本是现状结构的重新描述，并不具有新的创意。保持现状结构也许是由当时城市发展条件所限，以及规划者考虑近期规划问题所决定。但在交通、道路结构规划上，规划者却建构了许多新的内容和形式，如在对外交通方面，不仅规划了一些新的公路、铁路、站点和机场，而且还考虑了水、陆、空交通的整体关系。关于这一规划的构思框架，在其后的“圈层式规划”方案中基本得到全面沿承。另外对于城市内部，“轮廓规划”针对南京城市道路构架的特点，初步提出“经三纬八”的总体设想，这种设想亦在“圈层式规划”中得到了进一步的设计和深化。

“轮廓规划”之所以加强对交通、道路结构的总体规划，主要原因在于：其一，南京长江大桥建成通车后，城市过往交通量骤增，使得南京城市整个交通网络发生了结构变化。而其他方面的配套设施却没有跟上，因此客观上需要对南京旧的交通网络实行整体性改造，以适应并促进新的交通结构早日形成 。其二，重视道路、交通规划也充分表明规划者首先解决最关键、最迫切的问题，“改造提高老城区，充实配套新市区”的决心。

“轮廓规划”建构的实践过程主要为“圈层式规划”所承接。1978年为准备进行“圈层式规划”而提出的《关于编制城市总体规划的意见》即是在“轮廓规划”的基础上充实完成的。“圈层式规划”采取了“轮廓规划”的主导思想和基本内容，但在具体规划上，其内容更丰富、更完善，并对其不足之处进行了必要调整。

（三）“圈层式规划”的理想

“圈层式规划”即是“1980年南京城市总体规划”。由于这次总体规划在形式上具有鲜明的“圈层”特点，故被称为“圈层式规划”。实际上“圈层式规划”的内容远不止城市群体的布局规划，而是包括总体规划所应具备的全部内容。

1.“圈层式规划”的编制背景

1978年12月，中共中央召开了十一届三中全会，开始全面纠正“文化大革命”的“左”倾错误，指出经济建设必须按客观规律办事的方针，从此中国迈入“十年改革”的新时期。在这种形势下，城市规划工作的地位和作用更为社会所重视。1978年，国务院在北京召开了第三次全国城市工作会议，着重研究城市建设问题，制定出《关于加强城市建设工作的意见》，经中央批准颁发了“中发〔1978〕13号”文件，文件的第四个问题专门讲述认真抓好城市规划工作。文件指出：“只有做好城市规划并认真实施，才能发挥社会主义计划经济的优越性，使社会主义城市真正区别于盲目发展的资本主义城市，全国各城市，包括新建城镇，都要根据国民经济发展计划和各地区的具体条件，认真编制和修订城市总体规划、近期规划和详细规划。”文件还要求大中城市在二三年内都要做出城市规划。在这种背景下，1978年底南京成立了规划局，使南京市政部门具备了编制

《南京城市规划》的组织条件。1979年开始正式编制总体规划，经过两年的努力，“圈层式规划”终于在1980年最后完成，1983年得到国务院的正式批准，使南京城市总体规划第一次具有了法定性。

2.“圈层式规划”的涵义与特征图

“圈层式规划”的狭义概念即指南京市区“圈层式”城市群体布局规划。其规划结构特点是以市区为主体，围绕市区由内向外，把市县的城、镇、乡整个地域分为各具功能又相互有机联系的五个圈层。即“第一层次为市区（中心城市）；第二层次为蔬菜、副食品生产基地和近郊主要风景游览地区（四个市郊区）；第三层次为沿江三个主要卫星城与三个县城以及两浦地区（市郊和郊县交界边缘）；第四个层次为三个郊县的农田与山林；第五个层次为远郊小城镇（在三县范围内围绕三个县城的集镇为基础发展而成，（图5-3）。这种布局可概括为“市—郊—城—乡—镇”的组合形式，市区是城镇群体的核心，卫星城镇和小城镇分别为郊、县的各有特点的工业基础和农工商联合企业中心，是南京地区生产、生活社会化不可分割的组成部分，又具有相对的独立性。

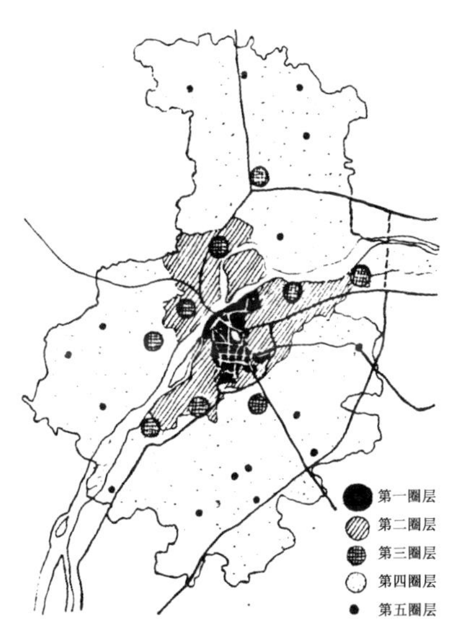

图5-3 “图层式规划”的空间结构与布局

3.“圈层式规划”的基本内容

“圈层式规划”是新中国成立以来南京编制的一部最深入、最全面、最完整的城市总体规划。其内容包括城市性质的确定，市区规模的限定，城市用地的分区，工业、对外交通、城市干道、绿化系统、居住区、公共建筑以及市政公用方面的供电、电信、供水、排水、煤气等规划内容。其规划期限为：近期至 1985 年，远期至 2000 年；规划范围包括南京的一市三县，共 4 717 km^2。

在规划中，南京城市性质确定为：江苏省政治、经济文化中心，科技文化国际活动中心之一；以电子仪表、石油化工、建筑材料、汽车制造为特色的现代工业基地，科研教育基地，外贸出口基地；兼并古今文明和现代工业交通的园林城市。与“轮廓规划”相比，“圈层式规划”确定的城市性质增加了“科研教育”“外贸出口”“园林城市”等内容。

关于城市的发展规模，在人口方面，规划区人口到 2000 年为 120 万，用地为 122 km^2。在报批前又改为 2000 年市区人口为 150 万，市区用地 150 km^2。关于城市的功能分区，规划市区内以鼓楼—新街口为轴心，约 2 km 半径的椭圆地带为核心区，东到龙蟠路，西到虎踞路，南到内桥，北到新模范马路。主要由政府机关、学院、科研单位、商业设施和质量较高的居住区组成。中山路为全市文化、金融贸易、商业中心；核心区内的工厂以印刷、食品、电子等性质为主；核心区外围 3—4 km 半径的环带地区，主要是机械加工、仪表、轻纺工业及相应的住宅区；它的外侧，南、北是铁路、仓库和江河港口，客货运输集散地，是市区对外交通枢纽，再外围直到市区边缘南、北部布置以生产、生活相结合的相对独立的综合体。东部为风景游览区，西侧是沿江、河主要蔬菜副食品基地。

在对外交通方面，规划增加四条铁路干线，增设沪宁第二复线，改造宁芜线；新开六合至扬州市属公路，结合鲁宁输油管道穿江工程，在龙潭三江口设过江隧道；规划增设民用航空港在湖熟附近，军用机场在江北老山一侧。

关于市区道路系统，规划新建和改造南北向三条主干道、东西向八条联系干道，构成“经三纬八”的干道网（见一览图），另外打通南北各三处出口，以适应市区以南北交通为主的流量和流向特点。

在园林绿化方面，规划着重修复以中山陵、玄武湖、雨花台、清凉山等原有绿地或名胜为基点，通过带形绿地组成城东（玄武湖、鸡鸣寺、九华山、富贵山、紫金山），城西（清凉山，通过外秦淮河及环城绿地北接古林公园，西与莫愁湖、东与五台山公园相接），城南（雨花台，结合三烈士墓和渤泥国王墓，加强望江矶一带风景改造，与新秦淮河连成整体），城北（燕子矶、滨江公园，东接栖霞名胜，西经滨江绿地连接幕府山、象山至长江大桥）共四大绿化片，充分发挥南京山、水、城的特点。

另外，这次规划还对各项市政公用工程设施等内容进行具体的设计和安排（其详细内容参见 1980 年《南京市总体规划说明书》）。

4.“圈层式规划”的结构分析

从总体上看，“圈层式规划”的区域基本是对“轮廓规划”“大分散、小集中”模式的沿承和发展，但不同的是，“圈层式规划”建构了层次更分明的“市—郊—城—乡—镇”的结构模式（图 5-3），使控制主城发展规模的布局结构在形式上更加具体和完善。

圈层结构的特点在于：中心圈层——市区，是规划控制的核心范围，也是规划建设改造配套的焦点；第二圈层是蔬菜基地和风景游览区这一圈层，主要作为主城区与卫星城之间的断隔带，规划者认为，保持这种断隔是实现圈层布局结构的关键所在；第三圈层为沿江卫星城三个县城和两浦地区，规划这一圈层的目的在于，使之成为南京外围的生产基地，接纳市镇疏散外迁的单位和人口，以及必须进入南京而市区又无法安排的工矿企业和科研教育单位的去处；第四圈层为大田山林，规划这一圈层的意义在于保证南京地区生态平衡的需要，使整个区域向农、副、工综合体系的方向发展；第五圈层为远郊小集镇，规划这一圈层的意义在于“从实际出发，因地制宜，就地取材，广开门路，重点发展农工商联合企业”。概而言之，“圈层式规划”的布局特点及意义是：“城乡间隔，协调发展，市区同卫星城在工业上适当分工，从而有利于发展工农业生产，有利于控制城镇规模，有利于备战，有利于生态平衡及节省城市建设投资。”

“圈层式规划”的布局形式是结合当时现实条件的一种创新的尝试。但从发展角度看，这种布局的结构形式亦可在以往的城规案例中找到相似的原型和模式，如新中国成立初期我国采用的区域规划布局形式（图 5-4），以及英国著名规划师艾伯克隆比（P.Abercrombie）制定的“大伦敦规划”等，都具有圈层式规划的布局特点。

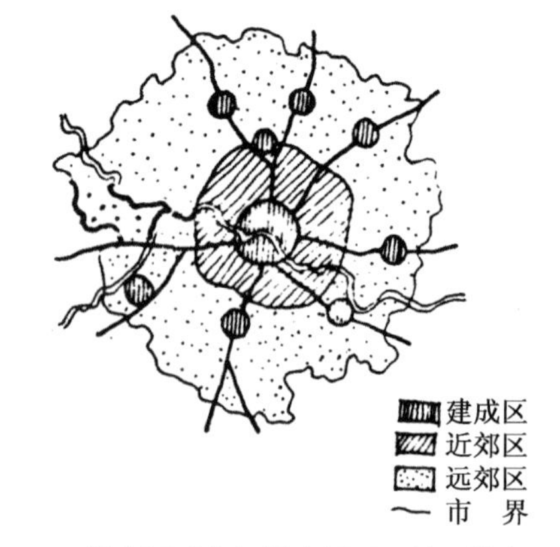

图 5-4　新中国成立初期我国采用的区域布局形式

（四）“圈层式规划”的实践

20 世纪 50 年代末，在总体规划（即“圈层式规划”）的指导下，南京在强调古城特色，做好历史文化名城的保护，改造旧城，开发新区和卫星城的配套建设，注重环境保护和工业布局调整等方面都取得了很大成效。即总体规划基本控制了城市发展大的框架和布局，如城市的分区安排、路网建设、基础设施配置、港区开发等都是以总体规划为依据。

但经过近十年的规划实践，由于各种主、客观原因，“圈层式规划”的建构理想也并未全部实现。

1. 城市规模超出预期的设想

1980 年总体规划确定的市区规模为：市区范围面积约 122 km^2，人口为 120 万。1983 年经国务院正式批准的方案为：“市区人口规模近期控制在 140 万以内，2000 年控制在 150 万以内。”但到 1985 年末，南京市区人口规模已突破了 155 万人口指标（1983—1985 三年平均机械增长的人口数占净增人口数的比重为 59.5%）。1989 年进而增加到约 160 万人。在此期间，城市建设用地从 111.13 km^2 增加到 122 km^2，城市建设用地增长速度低于人口增长速度，平均每人的城市建设用地已由 102 m^2 降到 80 m^2。由于南京市区具有优越的地理位置和自然条件，城市仍然处在持续集聚过程中，人口与用地规模仍在扩展。

2. “圈层式结构”的突破与转换

原总体规划采用“圈层式城镇群体”结构，是结合当时南京实际控制主城规模的一种理想模式和手段，从当时的发展条件看，采用这种模式和手段是十分必要的。但随着城市社会、经济的发展和城市规模的扩大，城市形态出现了令人值得注意的变化，如第二圈层——蔬菜副食品基地与风景名胜保护区，许多地方已逐渐转变为城市用地，部分地区有与外围城镇连片的趋势。由于长江这一巨大水利资源的利用对城市地域发展方向的主导性影响，城市形态正在沿江轴向扩展，“圈层式城镇群”布局结构已面临新的挑战。

另外，市区用地结构关系仍然存在军事和大学院校所占地比例过大，老城区人口密集，用地标准低及城区缺乏停车场、加油站等交通用地问题，城市基础设施的欠缺等问题也并未根本好转，这些问题都超出了原有总体规划预想。

3. 制因分析

“圈层式规划”的一些基本构想之所以被现实的发展所超越，从客观上讲，十年改革给我国的社会、政治、经济、文化各个领域都带来了深刻的变化。而原规划是在单一计划经济体制下编制的，带有若干封闭型特征，与开放型经济发展不能完全适应。城市的经济体制改革，由计划经济、产品经济向有计划的商品经济转变，增强了城市的活力，外向型建设项目的增多和高新技术开发区的出现，特别是第三产业的蓬勃发展，对城市总体规划提出了更高的要求。如在改革形势下，一度出现的土地入股，城乡联合办企业，欢迎外地来宁办第二企业，引进外资扩建企业，发展集市贸易和个体行业，大规模实行综合开发，大量代培大学生等都对总体规划的原定构想有不同程度的冲击，这些冲击已使过去封闭的、机械的和静态的规划形式与当今城市的发展速度不相适宜。

4. 规划的深化

为了修正总体规划与实现发展之间出现的偏差，及补充总体规划的欠缺部分，规划部门与研究机构曾进一步做了一系列规划的拓广延伸工作，如近十年所做的深入性规划与研究有《南京经济社会发展和城镇体系布局的研究》《南京沿江地区规划研究》《南京市历史文化名城保护规划》《南京城市交通综合规划》《南京对外交通规划调整》《南京外环公路可行性研究》《南京工业布局调整规划》《新街口—鼓楼市中心规划》《南京主城分区规划》及重点地段（夫子庙、鼓楼广场、新街口、下关沿江、火车站等地段）的城市设计等。

五、当代南京城市结构形态演变的总体分析

当代南京城市的发展过程是社会主义制度下从消费型城市向生产型城市的转化过程。无论是在城市规划的思想上，还是在规划内容形式建设的实践方面都充分体现了时代的印迹与特点。

（一）第一层面分析：模式结构形态的演变

在社会主义制度下，南京城市的规划思想与模式在很大程度上受到国家政策自上而下的影响。在社会主义建设的进程中，对城市规划思想与模式的选择上曾出现过一些反复，这种反复集中表现在两大方面。

1. 大城市思想与反大城市思想的交替反复

发展大城市与限制大城市是两种截然相反的规划思想和模式，在这两种模式的选择上，南京的规划建构经历的是“发展主城—限制主城—再发展—再限制”的规划过程。1954 年，“分区计划”体现的是“发展大城市”

的规划思想；1956 年“初步规划”却提出了控制大城市发展的卫星城的规划模型；1958 年放弃了对主城发展的严格控制；1961 年又对“全面发展”的规划思想进行修正调整。从此，控制大城市发展的方针政策才趋于稳定。这一波动现象体现出我国社会主义建设从缺乏经验走向成熟的必经过程。

2. “长线平衡”与“短线平衡”的交替反复

“长线平衡”是以远景规划为标准建构城市的发展模型；“短线平衡”是以现实环境为条件，强调规划方案的现实性与可行性。1954 年“分区计划”是以“苏联模式”为楷模，强调规划的“长线平衡”；1956 年“初步规划”转而改变为“短线平衡”；1958 年的城市规划又侧重于“长线平衡”；1961 年后又被纠正。进入 80 年代，城市规划日趋成熟，开始注重“长线与短线”的相互结合，既注重近期又瞩目于城市的发展远景。这种“长线”与“短线”平衡的交替反复一方面反映出我国经济发展的起伏变化，另一方面亦表现出我国早期建设方针的不确定性。

（二）第二层面分析：规划结构形态的演变

1. 规划范围的演变

从只搞主城规划到兼顾卫星城规划乃至区域规划是新中国成立后南京规划发展的又一特点。规划范围的不断扩大，主要与两大政策直接有关：一是“限制大城市”的方针政策，促进了对卫星城规划的重视，使规划视野由主城区扩展到周围小城镇；二是“缩小城乡差别”的方针政策，通过强调城乡结合，促进了区域规划概念的引入和发展。

2. 分区规划的演变

当代南京分区规划的演变特征：从分化到综合，从分划新区到调整旧区，从轮廓分划到详细分划，整个过程基本反映出规划建构从主观到客观，从重视形式到注重实际的逐步转变，这种转变是以人们对规划认识的深化及实践经验的累积为基础。

3. 路网规划的演变

当代南京城市的路网规划经历过三次建构调整，1954 年的路网规划因受“苏联模式”的直接影响而特别强调道路构型的环形放射；1957 年的路网规划在国家紧缩政策的指导下，虽然放弃对形式主义的刻意追求，但转而使规划路型又趋于保守；1958 年“大跃进”，路网规划再次调整，在前两次规划经验的基础上，这次的路网调整既避免了“形式主义”，又克服了规划上的保守性；1975 年路网规划方针对南京城市交通存在的实际问题又提出“经三纬八”的特殊构型。南京城市路网规划的三次转变，反映了不同时期的规划思想、经济条件和社会背景。形式主义的规划思想往往与国家经济状况好转及大发展时期的方针政策直接相关。

（三）第三层面分析：中间结构形态的演变

由于当代南京城规建构经过三次规划高潮和两次对规划的否定，因此它的客观建构表现的人为特征与自发特征也更加明显。

1. 城市结构的演变

新中国成立后，在“变消费型城市为生产型城市”方针政策的影响下，经过数十年建设和发展，南京城市的用地结构发生了显著的变化：生产性用地比例逐年提高，非生产性用地相应减少（如 1950 年南京工业用地仅占总用地的 1.19%，而 1985 年南京工业用地已占总用地的 19.35%）。但由于片面地强调“先生产，后生活”“先主体，后配套”的建设方针，长期以来积存下大量的城市问题。因此在“文革”之后，规划部门重新调整了城市用地结构，增辟道路，开发住宅区，逐步缓解了“骨肉关系”比例失调的矛盾。

2. 城市形态的演变

从规划的角度讲，南京城市规划的指导思想曾出现过“发展主城—限制主城”等几次大的反复。伴随规划思想的每一次反复，南京城市用地的实际发展亦形成了跃进发展与填空补实更替演进的扩展特征。南京城市形态的扩展趋向是以东、北为主，北为新辟工业区，东为新辟文教区。南京城市形态的具体形式渐成带状构型。形成这一趋向与构型的主要原因是由发展大型基础工业及长江沿岸的交通优势所决定。

注释

① 见南京市城建档案馆《南京城市大事记（1949—1985）》。

② 赵松乔．南京都市地理初步研究[J]．地理学报，1950（12）．

③ 黄裳．金陵五记[M]．南京：金陵书画社，1982:126．

④ 见南京市人民政府市政建设委员会《南京城市分区计划初步意见》1953年7月（南京市城建档案馆藏）。

⑤ 见南京市人民政府市政建设委员会《南京城市分区计划初步意见》1953年7月（南京市城建档案馆藏）。

⑥ 见南京市人民政府市政建设委员会《南京城市分区计划初步意见》1953年7月（南京市城建档案馆藏）。

⑦《论十大关系》是毛泽东于1956年4月25日在中央政治局扩大会议上的讲话。这“十大关系”包括：重工业与轻工业、农业的关系，沿海工业与内地工业的关系，经济建设和国防建设的关系，国家、生产单位和生产者个人的关系，中央和地方的关系等等。

⑧ 参见1954年8月11日《人民日报》社论《贯彻重点建设城市的方针》。

⑨ 参见1954年8月22日《人民日报》社论《迅速做好城市规划工作》。

⑩ 参见《南京城市初步规划（草案）》1956年12月南京城建档案馆号C12，33，2986。

⑪ 参见《南京城市初步规划（草案）》1956年12月南京城建档案馆号C12，33，2986。

⑫ 见1960年南京市城建设局《南京地区区域规划工作的体会》。

⑬ 见1960年南京市城建设局《南京地区区域规划工作的体会》。

⑭ 见1960年南京市城建设局《南京地区区域规划工作的体会》。

⑮ 参见1985年《南京城市规划工作概况》南京城建档案馆档案号C13，18。

⑯ 参见《南京城市规划和城市建工作总结及“三五”计划初步意见调查》南京城建档案馆档案号50044，1，290。

⑰ 参见《南京城市规划和城市建工作总结及“三五”计划初步意见调查》南京城建档案馆档案号50044，1，290。

⑱ 参见《南京城市规划和城市建工作总结及“三五”计划初步意见调查》南京城建档案馆档案号50044，1，290。

第六章 历史的启示及未来发展的构想

运用中间结构形态理论对南京城市建构过程进行分析的目的并不在于只对其历史演变求得一个整体了解，而在于通过总结南京城市建构过程来获得一些历史的启示，并以此作为今后规划建设的借鉴和依据。从历史的启示中，我们可以更新旧的规划观念，建立新的规划方法和体系，基于这一新的高度继续展望南京城市的未来发展，为今后的规划调整提出新的构想和建议。

一、历史的启示

通过探讨南京城市的建构历程，我们究竟得到了哪些启示？发现或掌握了哪些基本规律？为回答这一问题，本节从更宏观、更整体的角度来总结南京城市发展的建构历程，从中得出历史的启迪。

（一）自构与被构的“对弈式”演进

纵观南京城市结构形态的历史演变，我们不难发现：人对城市的宏观控制与城市自构的反力作用正像人与城市之间进行的一盘对弈，两者的建构总是环环相扣、互为基础和依据的。

如南京古城的建构发展，即表现出人造都城与自发集市相互促进对弈演进的发展过程：南京古城的规划择址，大都考虑原“市”的地位所在，如东吴建业面“市”而建，南唐金陵据“市”造城等都参考了原“市”的定位；而“市”的扩展又反过来以“都城”为依托，凭借都城的中心聚力而形成新的自构格局。都城外围的草市居民多依城门分布向外延拓，渐成新的自构触角，整个过程体现了“对弈”演进的基本规律（图 6-1）。

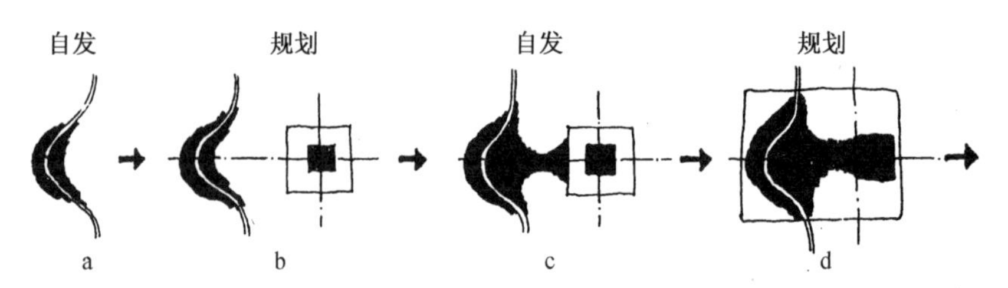

图 6-1　南京古代“城”与“市”对弈演进的发展过程

又如现代城市的路网建构，基于传统路网结构，“首都大计划”建构的新型路网试图彻底改造旧的路网形式，但在具体实施过程中，规划意图却受到旧有路网的“惰性”阻碍，子午大道纵贯全市的规划构想被迫搁置；当“首都计划”重定路网构型时，规划路网顺应了传统路网的自构方向，使规划构型与自构原型衔接起来，新旧路网的生硬“碰撞”得到了调整；北城区的路网规划同样如此，战前规划的路网形式背离了原有路网的南北走向，方案实施刚有开端，就被自构路网所“纠正”。战后的规划不得不承认自构发展形成的现状，并在此基础上规划重建新的路型（见一览图）。

规划修正自构路网，自构否定规划构型，两者在对立中统一，反反复复而构成“对弈式”演进的基本特征。

再如当代南京城市的人口控制，规划的限额指标曾出现过突破，调整，再突破，再调整的“对弈”过程。在这一演进过程中，不是人为遏制自发性(如1961年强制疏散城市人口)，就是自发性否定人为性(如1985年南京“分区规划”重定，城市发展规模，顺应人口发展趋势，对1980年“总体规划”的人口指标进行调整)。

两种建构的“对弈式”演进使我们认识到：城市发展的自构规律在人为因素的干预下，自然会丧失其自构的纯粹性。对具有建构历史的城市来讲，自构形成的结构形态都会掺揉前次规划的人为基础。实际上，自构与被构都不具有绝对的纯粹性。绝对主观等于否定客观的存在，绝对客观等于否定人的能动作用。从本质上讲，城市的建构就是主观改造客观，客观修正主观，以及主观凭借客观，客观“依托”主观交替更演的渐进过程。这种交替更演反映在城市规划活动上，即呈现出城市规划从否定走向否定的本质特征。虽然新旧规划之间有时也保持一定的沿承性(图6-2)，但这种沿承是建立在对旧的规划方案进行批判和否定基础上的，这是城市自构干预决定的必然结果。

基于上述认识，我们所得到的启迪是：既然城市发展呈现两种建构“对弈”演进的基本特征，那么我们对传统规划的“终态”观念与方法就不得不进行认真地反思和否定。从民国南京的“首都计划”到当代南京的历次规划几乎皆具“终态规划”的典型特点，它们都试图一劳永逸地为南京的未来建构理想的构型。一般而言，传统型的规划建构往往是基于这样一种假设，即：每一座城市都可能具有最优构型，城市规划则是实现这一最优构型的手段与途径。因此，传统规划多偏重在构想美好未来，追求终态远景等理想的方面，但却忽略了实现理想的具体步骤以及在方案实施过程中可能遇到的可变因素，即自构发展对规划建构的影响作用，所以在南京城规建设史上，几乎历次规划的建构结果都是半途而废的，立意始于主动，规划结果却落于被动（图 6-3）。

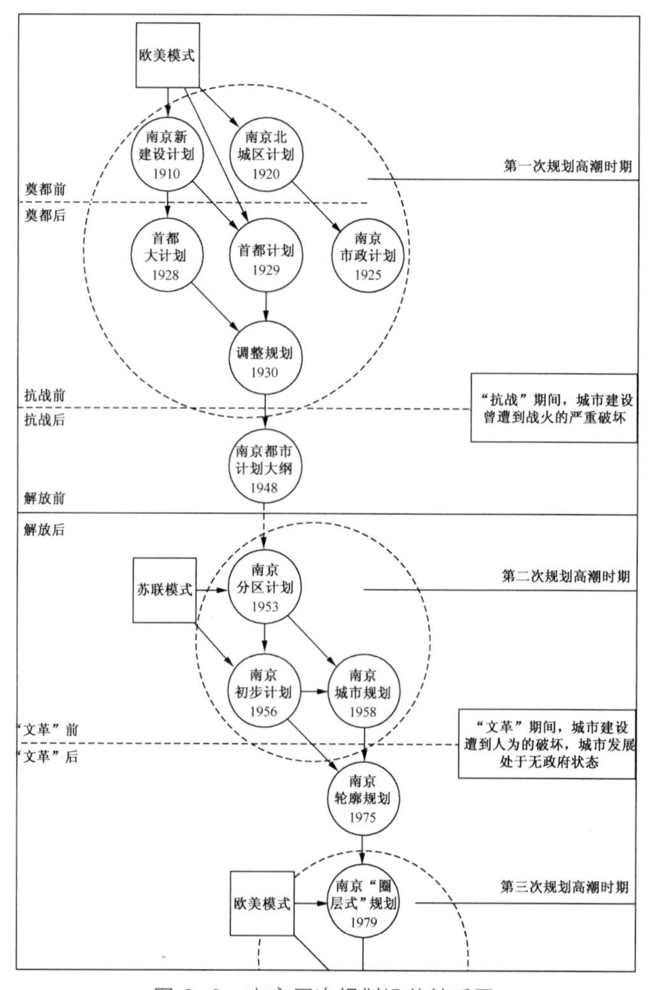

图 6-2　南京历次规划沿革关系图

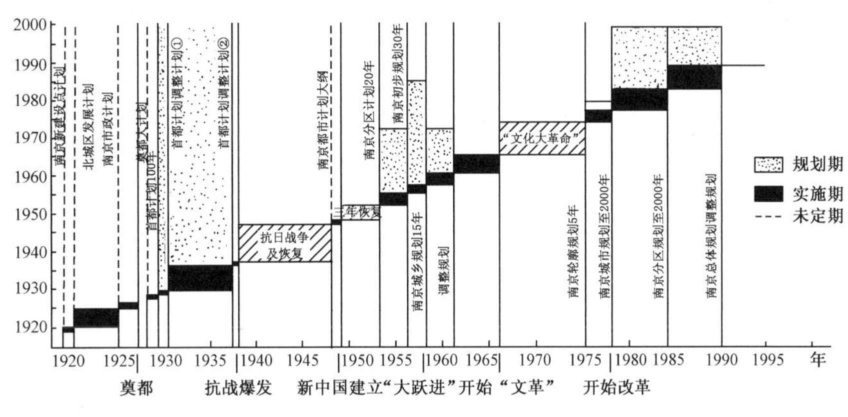

图 6-3 南京历次规划期限与实际实施的比较

在城市规划建构中，要真正克服被动局面，规划者就必须摒弃传统规划的“终态”观念，承认城市发展多向的可能性与随机性，用动态和灵活的规划方式来对应城市的自构发展，规划者不仅要向城市自构也要做好“挑战”的准备（编制规划方案），同时对城市自构做好“应战”的准备（调整规划方案），只有正视城市自构的存在才能真正把握规划建构的主动性。

（二）“终态”观念的历史衰减

黑格尔指出：人的观念不是僵死的观念而是流动的观念，人对万事万物的认识与理解是一个发展变化的过程，对城市的认识当然也是如此。如古代城市观与现代城市观就大不相同，这是由城市发展的特定阶段、特定环境与人类认识能力的发展所决定的。但从宏观角度讲，观念的转变不是一种突变，而是渐变的过程，“终态”观念的历史衰减即反映出人类城市观念渐变的“流动”性。

“终态”观念是一种传统观念。这种观念认为：城市都有理想的终态，一旦实现这一终态，城市形态就应保持相对的永固性，城市规划的目的即在于建构城市的理想终态，并以此达到一劳永逸的功效。

城市规划的终态观念产生于古代农业社会。在“城市”尚未整合之前，“城”作为地域的政治中心与军事中心，其结构形态大都保持较为稳定的基始状态，如六朝建康的都城形态前后相沿三四百年始终未改；南唐之后，“城”“市”合一，“市”作为一种经济载体为城市发展注入了自构的活力。但在农业社会的局限下，商品经济发展极为缓慢，加之城市结构的弹性作用，“市”对城市的促进演化表现得并不明显，如南唐金陵与明初南京，虽然都城包纳了“市”的功能，但对城市结构形态的演变并无明显的推动作用，因此反映在人的观念上，“城”“市”合一的结构形态仍具一定的终态性。

近代化肇发后，农业社会封闭式的城市结构受到工业化文明的巨大冲击。工厂的兴起、商埠的发达、铁路的建筑等新生事物使南京旧城形态随之改变。为了使城市结构的新旧转换纳入一个有序轨道，人们仿学西方市政建设，开始编制市政计划，试图建构符合近代化要求的理想城市。与古代相比，虽然规划的内容与形式都有根本的变化，但在终态观念上，近代规划与古代城规观念是一脉相承的。如南京“新建设计划”“北城区发展计划”“南京市政计划”等早期编制的规划方案，皆将其规划蓝图作为新旧转换的终态形式，甚至连规划期限都没限定。

至民国编制“首都计划”，虽然规划确定了有效期限，但期限之长仍反映出规划建构的“终态”含义。如规划者认为：其“全部计划皆为百年而设”，“影响所及至远”；又“人口之增加，亦不能大过所估算之数量。”[①]由此可见其规划结果，既展现百年远景，又是不准逾越的终态构型。然而动荡不安的社会环境，使民国南京的历次规划一再受挫，这不得不使人们反思传统规划的建构方式，树立新的规划观念，探求新的规划思想，如抗战后，规划者在总结战前规划的基础上认为："规划建构其准确之程度如何，胥视预测之年限及范围而别，倘时间愈久，范围愈广，则准底亦愈小，因此，吾人似定计划之对象与时效应求适当，而不宜夸大，以免迷乱真正之目标，反致计划难以实现。"② 基于这种新的认识，规划者提出了缩短规划期限，或为随时修正规划出现的偏差而不定远期规划期限的新方法，"终态规划"的传统思想开始被人们怀疑与否定。

新中国建立后，"终态规划"仍是南京规划的主要形式。每当国家建设处在"跃进"时期，规划建构都具有突出的"终态"特点，如 1953 年的南京"分区计划"、1958 年的"南京区域规划"，皆是如此，而当城规建设处于困难时期，规划建构又被迫转向顺应"自然"。如 1956 年的南京"初步计划"，1961 年的规划调整即反映了这一特点。

从历史的发展过程看，"终态规划"经历的是从永恒角度出发的不定期到有定期，从百年大计的远景规划到十年为计的中期规划，从"长线平衡"规划到"短线平衡"③ 规划的衰减过程。"终态"观念的衰减与"动态"观念的滋生不过是城市发展节奏加快在人们头脑中的客观反映（图 6-4）。当城市发展缓慢时，如古代农业社会的城市发展，城市结构形态自会保持相对稳定状态，于是人们对城市便形成"静态"的认识；但城市发展节奏加快、变化加剧时（如现代工业社会的城市发展）城市结构形态即会渐露它的弹性局限而不断改变，于是人们发现了城市形态的动态特性。

"终态"观念的历史衰减给我们的启示是：城市的发展没有永恒的结

果，只有永恒的过程。“终态”是相对的，“动态”才是绝对的。“终态”观念既是历史的产物，又被历史的发展所否定，这是城市发展速度不断加快的必然结果。因此，基于上述认识，今后的规划应当变被动地顺应城市的动态演变为主动地把握城市发展的动态性，即将规划工作重心从远景规划移至近期规划，从长期规划移至短期规划，从规划编制移到规划管理等上面来，使规划工作主动对应城市发展的动态性与多变性。

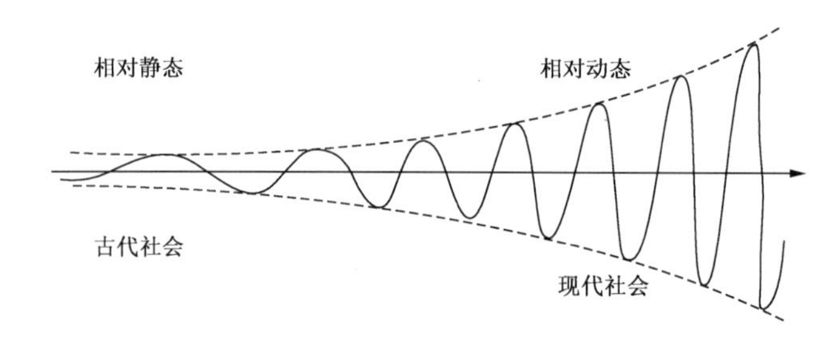

图 6-4　城市发展节奏加快、变化幅度加大，是“终态”观念衰减的主要原因

（三）外化建构的发展过程

按照城市规划理论，规划建构可以划分为两个不同的层面：一是以总结城市发展规律为基础，在理论层面上进行内化建构，形成理论模式，借以提高人们对城市的认识能力与宏观控制能力；二是以理论模式为基础，在实际的层面上进行外化建构，通过规划实践来检验、修正理论模式，进而完善理论模式，使规划实践更能充分发挥人的主观能动作用。

综观南京城市的发展历史，我们不难得出这样的结论：即南京城市的规划历史主要体现了外化建构的实践历程。如古代南京的规划建构，“周法秦制”等古城规制几乎是古代帝王筑城实践的基本范形；六朝建康仿

“九六城”制（属“秦制”范畴）；南唐都城反映出“管子”规制的筑城准绳；明初应天的皇城形制则基本是对“周法”规制的再现与套用。

再如现代南京的规划建构，“欧美模式”几乎全面影响了近代及民国南京城市规划的整个过程，从最早制订的“新建设计划”到民国最后提出的“都市计划大纲”等历次规划建构，都无不参照或引用欧美国家的城规理论与模式，如花园城、卫星城、带形城、邻里制、分区制、放射构型、网格构型等理论模式都曾为民国南京的规划编制所借鉴。

新中国建立后，“欧美模式”被摒弃，“苏联模式”取而代之。如在南京的历次规划中重视工业用地规划、控制城市发展规模、按“劳动平衡法”划分城市人口结构等规划特点都体现了“苏联模式”影响的深刻印迹。

作为我国城市规划活动的一个缩影，南京城规的发展历史反映出我国城市规划发展具有保守性与滞后性两大特征。虽然我国古代城市的规划活动与现代城市的规划活动都停留在外化建构的层面上，但两者的历史背景与制因却根本不同。在古代，我国封建社会具有超稳定的结构形态，尽管在表面上封建王朝有盛有衰、动态演替，但实质上却是一种循环重复，其社会、政治、经济的结构形态始终保持“超稳定”的基本原型。而作为封建社会形态在物质层面上的一种对应，传统的筑城规制在古城“修复—崩溃—修复”的过程中亦自然保持着一贯性。即我国古代城市的规划实践表明的是一种消极的规划实践，筑城规制的不断重复是“超稳定”社会结构的客观反映。

在现代，我国社会政治、经济的发展水平大都处于滞后状态，如民国时期的近代化发展后于欧美，新中国成立后的社会主义建设后于苏联，致使我国社会的建设和发展很难争取主动性。正如英国哲学家罗素（B.Russell）指出的那样，在先进国家中，往往是实践促进理论，在其他国家中则是理论促进实践的发展过程[④]。作为滞后发展的国家之一，我国城市规划发展体现的是“理论促进实践”的被动过程。

综上所述，无论是古代城规对“周法秦制”的消极重复，还是现代城规对“欧美模式”与“苏联模式”的被动引用，都反映了我国城规外化建构的低层面特征。基于这一认识，我们得到的启示是：“理论促进实践”是发展中国家在特殊背景下的必然现象，发达国家积累的城规经验为发展中国家的城市建设提供了参照依据，使其城市建设免走弯路，借以缩短先进国家与落后国家城市发展差距。作为一个发展中国家，我国的城规活动还会继续吸取发达国家的先进经验和理论，提高我国城市规划水平。客观上讲，这是必要的，也是必然的。但同时值得指出的是：在借鉴外来理论、模式的过程中应当避免两种倾向：一是过分依赖外来理论，致使规划建构陷入形式主义与教条主义的窠臼。如民国时期的“首都计划”和新中国成立以后的“分区计划”等都过于强调国外城规理论、模式的理想成分，却忽略了结合国情和现实条件的可行性。国外超前的规划理论与国内滞后的发展现实往往是一对难以调和的矛盾，因此盲目套用外来的理论、模式有时比没有理论、模式更有消极作用。二是忽视本国城规理论的建构发展，使我国城市规划水平始终处在低层面的发展状态。按照罗素的观点，虽然说发展中国家的特点在于“理论促进实践”（准确地讲是外来理论促进本国的实践），但这并不等于否定发展中国家发展自身城规理论的可能性。从客观上讲，滞后状况确实给建立本国的理论、模式带来很大的困难和障碍，但更大的障碍还在于我国城规工作者主观上的自我否定。实际上，我国的社会体制具有特殊的形式（如土地所有制、投资方式、人口管理等发展机制都与西方国家有所不同），这就决定了其特殊的发展规律，这种特殊性给我国城规研究工作者提供了本国理论研究的土壤和机会。因此，我国城规研究工作者的任务不应限于介绍、引借外来理论，而应克服长期依赖外来理论的惰性心理，在一定范围内研究总结我国城市规划发展的特殊规律，建立更加符合本国国情的规划理论与模型。

二、更新旧的规划观念与方法

经过十年改革，我国城市建设已发生了巨大变化，十年前编制的总体规划已被现实的发展所超越，修订城市总体规划正成为我国城市规划工作面临的中心任务。南京作为一个新的计划单列城市，其规划工作亦进入一个新的调整阶段。

在这一新的规划调整时期，需要摒弃旧的规划观念与方法，以中间结构形态理论为基础，以南京城规发展的历史分析为启示，重新认识城市规划方针，并提出一些新的规划方法和观念。

（一）对规划方针的重新认识

长期以来，我国遵循的规划方针是："严格控制大城市规模，适当发展中等城市，大力发展小城市。"提出这一方针或模式的理由主要基于三个方面：其一，大城市容易产生城市病。如交通阻塞、住房拥挤、能源不足、环境污染等。其二，城市的发展具有一定的合理规模与极限，如对城市规模不适当控制，城市的发展就可能超出城市固有的环境容量，导致城市环境质量的迅速下降与恶化。其三，在市政建设投资上一般小城市的市政投资约占基建投资的 3%，而大城市约占 6%，特大城市则高达 7% 以上[⑤]。这说明城市规模越大，城建费用的比率就越高，发展大城市在经济效益上不合算。

从表面上看，上述理由似乎都很合理，但进一步分析，这些理由有其片面性，就其一而言，目前我国大城市的“城市病”的确客观存在，而且这种“城市病”在西方发达国家的大城市中也曾产生或仍在继续，但这并不能因此得出只要是大城市就存在“城市病”的武断结论。实际上，城市规模的大小与“城市病”之间并不存在必然的联系。在我国，除大城市外，小城市照样存在住宅、交通、污染、征地等方面的严重问题，有的并不亚于大城市。从历史的角度讲，如将“城市病”归咎于城市的巨型化，那么在马车时代，出现的交通阻塞等城市病就很难给出合理解释了[⑥]。况且目前国外的某些大城市早已治愈了“城市病”，如韩国的首都首尔，是一个人口上千万的特大城市，而且还正以每年 20 万人至 30 万人的速度持续增长，但其现在“城市运转平衡而有秩序”，早已克服了“城市病”问题[⑦]。这些事例说明：“城市病”的根源并不在于城市规模的大小，而在于城市结构在滞后性转换过程中表现出的某种困难。

就其二而言，城市环境的容量问题确实是城市规划考虑的重要问题，城市发展过快，很可能会超出城市环境的容量极限，导致城市超负荷运转而降低环境的质量与水平。但我们必须看到问题的另一方面，即城市环境并不具有绝对的含义。城市作为一个开放性系统，其环境容量既是相对的也是可变的。虽然城市的土地资源、水资源等的有限性表现得比较突出，但人类通过农业用地的城市化及远距离引水入城都可能扩大其容量。可以说，绝对不变的环境容量是不存在的。如果我们在城市发展过程中，只是消极地适应原有容量，而不是积极地改造城市环境、扩大环境容量，那么城市发展反而会长期地被超负荷问题所纠缠。

就其三而言，在市政投资的比率上，大城市确实要比小城市的投资比率高出许多，这是由大城市高度的复杂性与集约性所决定的。但对城市总体经济效益来说，这只是经济效益的一个侧面，实际上无论是从城市人口的经济效益，还是从城市用地的经济效益，或者是从城市投资的经济效益等更多方面看，随着城市规模的扩大，这些更为重要的经济效益则相应增加（图 6-5）。因此从整体效益分析，那种认为大城市投资费用大的论点则不值一驳。当然，城市建设不能只讲经济效益而忽略社会、

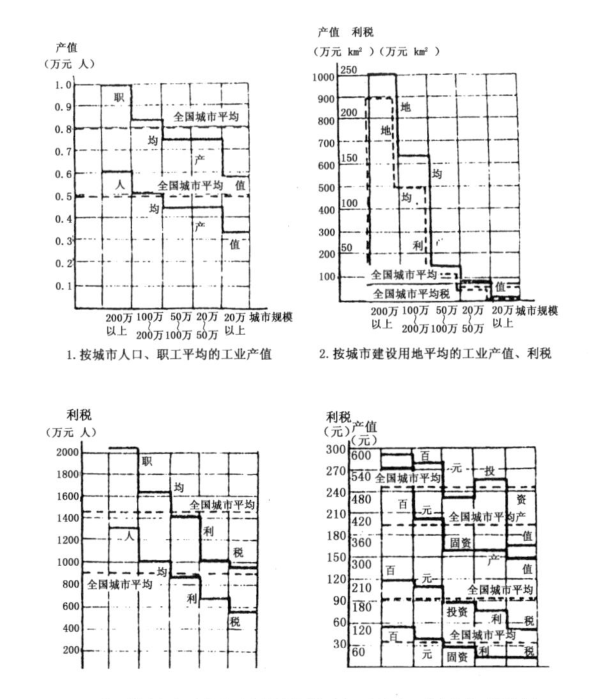

图 6-5 不同规模等级城市的经济效益 [引自《城市规划》1988（1）]

环境等综合效益。事实上，城市综合效益的评价标准也是相对的，但总的来说，大城市比小城市的综合效益要高，检验这一结论的简单方法可通过观察一般人选择居地时总的心理趋向来得到，一般选择是指向具有较高生活水平、服务水平及较多就业机会的大城市。

再就现实而言，我国提出控制大城市，发展小城市的方针政策已有三十多年（1956 年即初次提出这一方针）。三十多年的实践表明，大城市规模不仅没有得到有效控制，其增长速度反而有增无减。就近来说，从 1979 年我国再提“控制大城市、发展小城市”的方针后，我国的十大城市，其人口规模增长，都有更大发展，如表 6-1 所示。

表 6-1　“六五”期间中国十大城都市人口发展表

单位：万人

城市	位次	1980 年	1985 年	1985 年与 1980 年对比	
				绝对数	百分数（%）
上海	1	598.34	687.13	88.79	14.84
北京	2	454.78	510.26	55.48	12.20
天津	3	374.25	420.25	46.00	12.29
沈阳	4	284.42	325.30	40.88	14.37
武汉	5	257.84	296.35	38.51	14.94
广州	6	228.91	256.35	27.44	11.99
哈尔滨	7	204.96	225.18	20.22	9.87
重庆	8	186.19	208.03	21.84	11.73
南京	9	165.13	191.86	26.73	16.19
西安	10	153.21	173.17	19.96	13.03
合计		2908.03	3293.88	385.85	13.27
平均		290.80	329.39	38.59	13.27

退一步说，且不论我国规划方针在理论与实践上面临的困难，仅从形式上讲，提出这一规划方针的方式方法亦不利于我国城市规划与实践。根据中间结构形态的理论观点，提出任何一项的规划方针政策，都应具有阶段性，应随环境的变化而变化。但我国制定的规划方针并未明确阶段范围，似乎更强调了方针的恒久性。就现实条件而言，由于我国城市的投资机制

与投资关系尚未全面调整，大城市积存的“欠账”问题仍很突出，因此近期“限制大城市规模”的方针仍有一定的现实意义。但必须明确：“限制大城市、大力发展小城市”不应作为我国城市建设持久不变的宗旨，而应视为缓解城市矛盾的阶段政策。基于这种认识，对待大城市问题应变消极地回避为积极地面对，这样才能充分发挥大城市高集约、高效益、高层次的积极作用。除此之外，在城市发展政策的决策权方面，也应由中央政府下放到地方政府，只有这样才能使制定的规划方针和政策更切实际，更具有灵活性。

（二）对规划目的的重新认识

在传统规划中，规划目的即在于建构理想的城市远景。从南京以往的规划过程来看，几乎都将规划目的置于未来的建构理想而忽略了规划的动态性、随机性和规划目的的多层次性。当然，建构理想的发展远景亦是现代规划任务之一，但在规划目的上，传统规划与现代规划的区别在于：前者是把理想远景作为规划建构的终极目标，规划的意义是为实现这一目标而作各种安排和努力；后者则把理想远景作为规划过程的一种参照，而并不认为规划具有终极意义，即传统规划目的是立足于静态的理想与未来，而现代规划的目的则立足于发展的实际与现在。

据规划着眼角度的不同可将规划目的分为三个层次：最低层次的目的在于缓解城市已经存在的问题与矛盾，如严重的交通阻塞、环境污染、能源不足、住房拥挤及其结构性失调和环境恶化方面的问题。这些问题往往是在社会动荡、自然灾害或新技术、新事物冲击之下形成的。在这一层次上，如果规划者不及时处理解决这些矛盾，就可能导致城市环境更加恶化，干扰城市的正常运行，最终使局部性失调扩展影响到城市的整个机体。当然城市环境的恶化往往是一个累积的过程，要解决这类矛盾不会一蹴而就，规划管理者必须经过周密的安排，逐步处理，需要一定的时间才能将城市的运行方向纳入正轨。所以最低层次的规划目的是极其现实也是非常被动的，反应型规划及滞后型规划都是以此为目的。中间层次的目的则在于维持城市的正常运行，避免城市环境质量的下降与恶化。城市随着人口、用地、交通运输及能源供应量的逐年增加，原有城市结构逐渐加大着自身容量，当城市发展一旦超出其容量极限，就会产生一系列城市问题。如果规划者不积极地研究、把握城市结构的容量极限，不积极地分析预测城市发展潜伏的问题，不提前做好相应的规划安排和准备，城市的发展和运行就可能偏离正轨，城市环境质量就可能不断下降。因此在这一层次上，规划目的主要具有防御作用，规划编制必须是先见的和主动的，只有这样才能真正发挥城市规划的积极作用，保证城市的自构与被构同步进行。最高层次的目的在于积极或超前改善城市的功能结构，提高城市环境质量，为城市居民创造更理想、更美好的居住与工作环境。比如可以通过开发城市新的服务项目（增设新型交通工具，提供新的娱乐内容等），优化城市的结构组合（可包括人口、用地、生产服务等方面的结构组合）等加以实现。在这一层次上，规划的意义主要表现在它是创造性和超前性两个方面。

一般而言，除新建城市外，城市规划大都同时包含了上述三个层次的规划目的，只不过侧重点有所不同。就传统规划而言，规划目的侧重于预定的未来，而现代规划则侧重于未来与现代的交接带上。正如美国战略规划专家威廉姆·R.金（Rilliam.R.King）指出的那样：现代规划的特点在于，它一面要解决因变化带来的各种问题，一面又要审慎地安排将来的变化[⑧]。这就是现代规划总目的及意义。根据中间结构形态的理论观点，城市问题的产生与解决是一个连续过程，旧的问题被解决，新的问题还会产生。城市规划过程就是不断解决问题的过程，而城市自构过程又是不断产生问题的过程。因此，从这种意义上讲，规划解决问题是暂时的、局部的，而从长远的、全局的宏观的角度看，规划的目的并不在于最终解决问题，而只是在于不断地缓解城市问题。

（三）对规划依据的重新认识

如何区分传统规划与现代规划，对规划依据的侧重方向则是鉴别两者的又一根据。一般来说，传统规划侧重于预定，如民国时期“新建设计划”对沿江开发的构想、预定以及对机场、码头、车站的构想与预定等都反过来成为深入规划的基本依据；而现代规划则侧重于预测，如今南京城规部门进行的交通研究与预测，环境、容量分析与预测都将作为调整规划的重要依据。

实际上无论是传统规划还是现代规划，除基本资料外，规划依据不外有三种：一是规划原则，二是规划假设（或预定），三是规划预测。

规划原则是根据人们的规划经验和期望，根据规划确定的总体目标所提出的基本要求与法则。如按规划要求控制城市的发展规模，增加城市的绿化用地以及要求居住小区公建配套，楼房间距须保持一定距离等等都属规划原则范畴。规划原则一方面为维持城市原有的运作机制作保证，一方面又为规划假设提供依据。

规划假设是对可能性的一种确定。威廉姆 · R. 金指出：在规划中不管是明确的还是隐含的，规划假设总是存在的。可以说，没有假设，即没有规划，“因为人们永远不可能避免在抉择过程中要作一些假设”[9]。比如，只有假设城市人口将按某一比率继续增长，才能确定未来某一时期的城市人口规模；只有预定 2000 年实现国民经济翻两番的总目标，才能具体勾画城市发展的其他目标，等等。但假设与预定往往具有较大的主观成分，它们尚需实践来加以验证。假设的主观成分越多，现实发展就越有可能偏离规划构想。因此在规划中必须注重假设的根据与可能性。

规划预测是以客观为基础，预示未来发展的趋向与可能。规划通过预测来推演城市发展未来，以此作为人为建构的客观依据，但预测的基础是鉴于过去的知识和经验，人们对规律的认识与掌握只能代表过去，并非一定适于未来。“未来总是在创造之中”，人们只有假设发展的条件不变，总结出的规律才能继续运用。因此，虽然说预测基于客观，但对待预测的结果仍应持谨慎态度。在高度复杂化与瞬息万变的当今世界更应如此。当然预测手段有高低之分，预测精度亦有不同（一般讲，预测与时间相关，时间愈长，预测偏差可能就越大），但预测结果并不等于是城市发展必然结果，正如美国未来学家托夫勒强调的那样：“我同意最大限度地利用一切定量分析的工具，譬如统计学、分类模式、电脑计算等等，但是，有了（预测）结果后，应该对之持怀疑态度”[10]。城市发展更具有多向性与随机性，对规划预测结果更不可过分依赖与盲从。

有时假设与预测之间的界限模糊不清，在规划中，预测的结果可作为假设，而假设条件又可作为预测的依据。尽管如此，作为规划者仍应明确区分假设与预测之间的不同含义。威廉・R. 金认为：“假设是定性的、主观的，预测是定量的、客观的。”“未来的假设能够填补预测留下的空白”[11]。因此可以认为，预测的目的在于强调城市发展的客观延续性；预定（或假设）的目的则在于强调城市规划的主观创意性。对于任何时期的规划而言，这两者都是必不可少的。由于预定取决于理想与主观，预测取决于过去的知识经验，故根据中间结构形态理论的基本观点，我们对预定、预测条件或结果必须始终保持质疑的态度。在评价规划方案过程中，对假设条件及预测结果的质疑更为重要。过去人们只重视规划的结果，而忽视了规划的依据，假设与预测是规划的基础，所以要正确评价规划方案，首先要检验规划的假设、预测等基本依据。

（四）新的规划观念与方法

传统终态规划的观念与方法之所以能长期存在，与过去的社会形态、经济结构和缓慢的发展节奏等背景环境分不开。随着社会的变革、经济的发展和新技术的应用，城市发展的速度逐步加快，传统规划的观念与方法越发显得不合时宜，于是新的规划思想、观念和方法逐渐产生和形成。在我国实行改革开放以来，国内城市建设的速度与水平亦不断提高，国外新的规划观念与方法得到广泛的借鉴和引用。以下从中间结构理论的观点出发，简介一些新的规划观念与方法。

1. 滚动规划

所谓滚动式规划（rolling plan）是一种连续性规划（continous planning）。早在1938年，美国国家资源委员会首先提出这种规划，其意义在于一个季度进行一次计划，每次覆盖1年至3年向前“滚动”，直到将来。到70年代后期，这种方法被美国的勃兰西（M.C.Blanch）引入城市规划之中，他针对传统规划的终态观念（end—state concept），提出通过把城市管理与城市规划一体化，连续不断地修正实施规划，以便适于城市发展的实际[12]。“滚动式规划”实质在于不断的“自我否定性”。因为滚动规划的调整周期小于它的覆盖周期，即滚动规划确定的目标尚未完成，便主动进入新的调整阶段（图 6-6）。

实际上“滚动规划”只是人们在认识历史规律的基础上，从被动滚动向主动滚动、从长周期滚动转向短周期滚动的结果。广义上讲，城市规划的发展过程多是一种滚动的过程（图 6-6），新规划并不是在规划完成后继续编制，而是在部分否定旧规划的基础上，提出新目标与新构想的一次“滚动”。然而历史呈现的“滚动”过程是被动的，而现代提出的“滚动规划”是基于历史的启示，变被动为主动，变“大轮滚动”为“小轮滚动”，是对终态观念的根本否定。

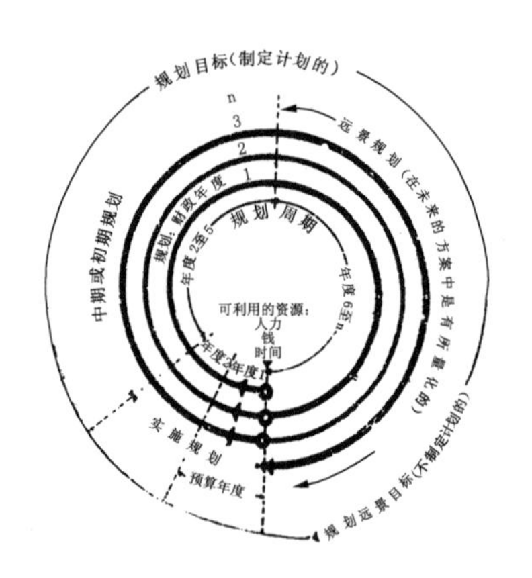

图 6-6　滚动规划程序示意图

2. 应变规划

针对传统规划单维定向的缺点，威廉·R. 金（W. R. King）提出了“应变规划”（contigency planning）的新概念。他指出，面对千变万化的发展事物，除了备有常规规划外，“从理论上讲，应该有一个特定的应变规划。一旦出现触发点，它即可自然地付诸实施”[13]。

一般而言，应变规划主要是针对两种情况准备的：一种是城市的“转向性”发展（即脱离正常规划预定方向的发展）对规划建构的整个过程影响不太大，但“转向”的可能性很大，如城市用地、人口发展在有限的范围内未达到规划确定的具体指标等；一种是城市的“转向性”发展可能性不大，但一旦发生，则对城市的发展影响甚大，如突来的大规模投资，或自然灾害的破坏等对城市的影响。对于各种情况，都应备有必要的应变规划。当然，制定应变规划所关注的焦点并不仅仅在于考虑城市发展的多种可能，而更应考虑规划转换的衔接过程（图 6-7）。

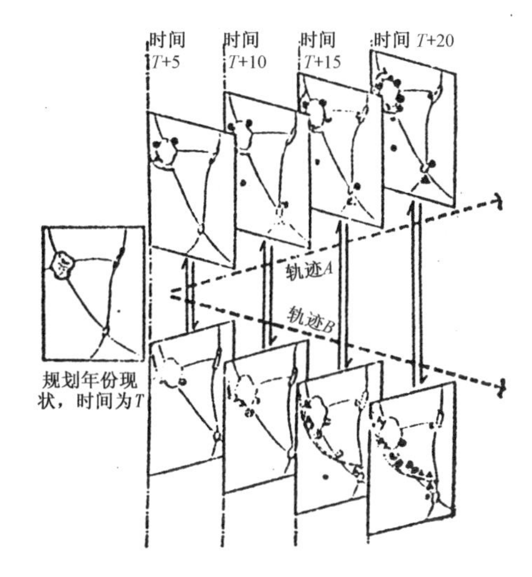

图 6-7　编辑规划既要考虑多种可能又要考虑应变规划之间转换的衔接性

3. 动态规划

美国著名规划师米切尔（Michell）指出：“城市规划是关于城市变化的状态、速度以及关于其量变和质变的规划——也即关于城市发展变化过程的规划，所以它是动态而非静态的规划”[14]。根据这一观点，米切尔进一步强调：

（1）规划是连续的，因此不存在什么确定的规划。

（2）规划的目的在于影响和作用变化，而不是描绘未来的静态图景。

（3）规划只是众多关于建设方案、资本分配、资源利用等方面长期和短期计划的部分表达。

（4）如发现需要采取重大干预或系统严重偏离轨道，则必须重新制定规划。

因此，“规划师的作用犹如驾驭城市的舵手，他的前方目标是驶向规划预定的航程，为此他需要不断观察，以确定城市所处的方位”[15]。所以，规划作为一个连续过程，在编制方案时必须强调规划的动态性（图 6-8）。

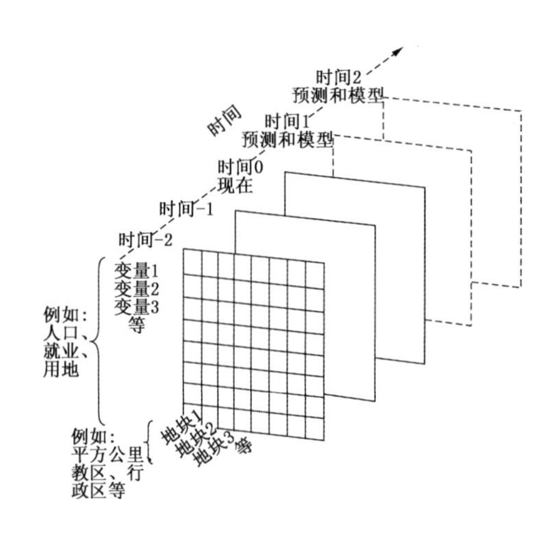

图 6-8　动态规划连续过程示意

4. 系统规划

以控制论（cybernetics）为基础的规划称为系统规划（systemic planning）。它是关于规划或研究控制系统自身与受控制系统这两个平行系统之间的相互作用（图 6-9）。英国系统规划研究的主要创始人麦克洛夫林（B.Mclonyhlin）、查德威克（G.Chadwick）和威尔逊（A.Wilson）以不同方式建立了系统规划的具体过程（图 6-10）[16]。系统规划意在揭示一种具有内在逻辑关系和更为清晰的规划体系，并主张不带任何价值观念，公正地对待相互冲突的利益要求，通过把握“结构—功能”的互动关系来不断完善城市规划的动态系统。其在城市交通控制系统中的运用已被证实是有效的，至于对城市规划的其他领域运用效果，还有待进一步的实践与验证。

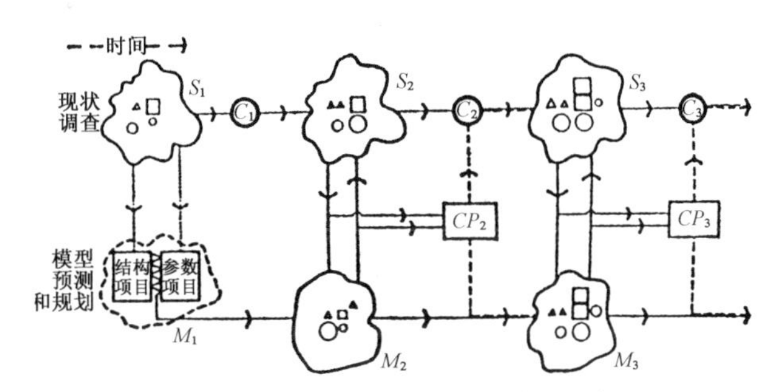

图 6-9 系统规划控制过程示意

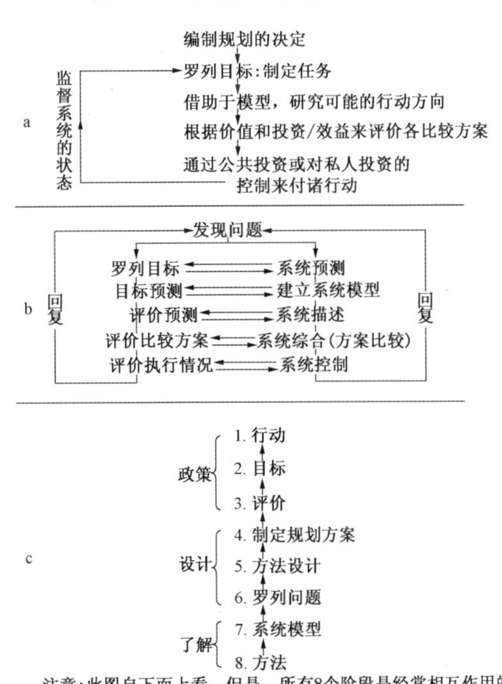

(a)B. 麦克洛夫林；(b)G. 查德威克；(c)A. 威尔逊。
在60年代，注意研究规划过程的系统化，把重点放在为不同的比较方案或行动方向建立模型和进行评价上。这三种图解主要是根据控制论和系统分析这些新的科学方法制定的。

图 6-10 系统规划的具体过程

5. 整体规划

波兰著名规划师萨伦巴（P.Zaremba）提出整体规划（integrated planning）的核心思想是：把各种因素和多种可能结合起来做全面性的综合规划。具体讲，整体规划需要四个方面的结合[17]。

第一，功能上的结合。这是形体规划（physical planning）、经济规划与社会规划之间的结合。

第二，不同层次地域空间的结合。这是指国家规划、区域规划、城市规划之间的结合，也即城乡的结合。

第三，地域空间规划、部门之间规划与计划的结合。在规划中，来自各部门的建议可称为纵向建议，规划师应将这些建议与横向的地域空间规划联系起来。

第四，时间上的结合。即规划远、近期的结合。在编制远景计划（long-range planning）时，不应受实施期限的限制，只提出要达到的目标。同时远景规划还应是多方案的，而不是唯一的固定不变的单方案。整体规划的理论认为，近期实施的规划与远景规划（简化的）比总体规划更为重要。

6. 生态规划

生态规划（ecologic plan）是国外建筑师兰·麦克哈格研究得出的规划新技术。该技术是基于这样一种观念和认识提出的，即城市是一个不断变化的生态系统，其每一变动过程都可能产生有利或不利的结果，因此“必须找到估价每一行动过程得失的方法，在决策以前加以斟酌权衡”[18]。麦克哈格采用的方法是在一套透明图纸上描绘出规划地区的自然特征，并绘制出对城市居民及城市总体发展有价值的一切东西，当这些图纸集中在一起时，就能看出在什么地方建设什么样的内容可以得到最大的利益而产生最小的危害。这种规划方法不仅考虑到资金问题，而且还考虑到其他一些有价值的重要东西，因而这种方法将有助于全面评价城市用地的开发环境，分析预测城市发展潜势，建立动态的规划体系。例如，某城市要在某地区建设一条公路，在规划择址时，即可先把该地区对居民有价值的一切其他特征，不论是自然景色还是社会环境都绘制成图。当全部图附加在一起时，色彩最淡的地区就是建筑公路的最佳地点，因为这里在其他方面价值最小（图 6-11）。

生态规划法是很有启发性的规划方法，运用这一方法即可克服传统规划中经常出现的主观与随意性。

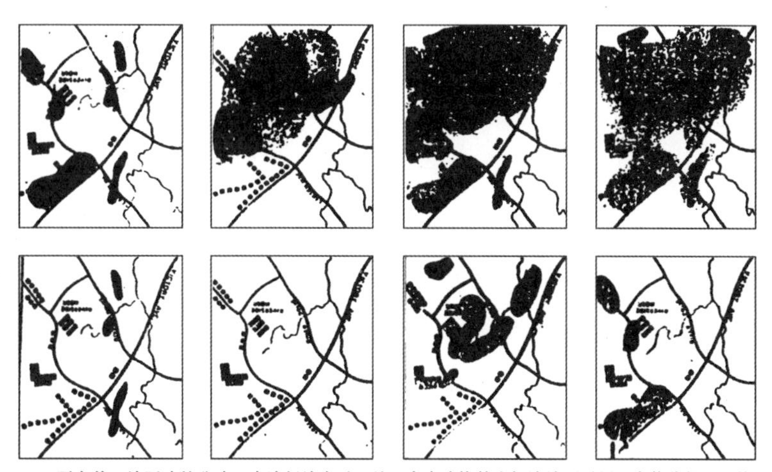

要在某一地区建筑公路，在选择地点时，兰·麦克哈格首先把该地区对居民有价值的一切其他特征，不论是自然景色还是社会环境都绘制成图。当全部图附加在一起时，色彩最淡的地区就是建筑公路最佳地点，因为这里在其他方面价值最小。

图 6-11　应用生态规划技术的一个案例

三、未来南京城市结构形态的发展预测

根据中间结构形态的理论，我们无论怎样审慎周密地规划未来，也不管如何加强规划管理，都避免不了城市自构对规划建构目标的修正。但只要能够客观全面地预测未来，建立动态规划预测的研究体系，就有可能缩减规划与现实之间的偏差，变被动为主动，充分发挥人的创造能力，因此，本节即以城市用地扩展为例，以新的方法研究探讨南京城市结构形态发展的预测问题。

（一）一个共识的发展趋势和规律

从长远来看，城市的扩展是必然趋势。对南京而言，其未来的城市形态将呈现怎样的布局形式，将朝着什么方向发展演变？在探究这一问题上，人们几乎得到这样一个共识：即南京城市形态正以长江为轴，呈带状形式沿江扩展。

实际上，南京城市沿江发展是长期以来呈现的一种客观势态。早在1858年，晚清政府与英法等国签订“天津条约”，辟下关为通商口岸，南京城市形态即开始了由沿河向沿江发展的趋势。在民国时期，几乎历次规划都注重沿江地带的规划和开发，其港口用地、工业用地都沿江布置，以充分利用长江的航运优势及丰富的水利资源。虽然民国南京的规划构想大都落空，但沿江发展客观趋势已为人们所认识。如30年代，范旭东兴建的永利铔厂即选址于临江地段（八卦洲左汊处），为后人的建厂选址提供了经验。新中国成立后，特别是50年代后期以来，国家在南京建设投资项目不断增加，其中基础工业向大型化、联合化方向迅速发展，这些企业的特点在于：规模大、运量大、用水多、占地多，而南京沿江地区的地理

条件与交通条件十分适宜这些要求。正是这种优势吸引了国家建设的大量投资，南京沿江外围城镇因此得到很大发展，形成下游化工兼建材产业和上游方兴未艾的冶金产业带。

南京沿江地区在工业建设中的重要性，以固定资产投资额所占比重亦可看出，至1980年全市固定资产投资额累计66亿元，其中沿江城镇占40%，工业固定资产投资额累计45亿元（包括梅山冶金公司），沿江城镇占55%；“六五”期间投资额约翻一番；累计的工业总投资约70%以上在沿江地区；“七五”“八五”期间据不完全统计，亿元以上项目投资区约250亿元，80%以上投于沿江城镇。由此可见，沿江地区已成为南京工业的主要发展地带，加上关系密切的下游仪征化纤公司和上游马鞍山钢铁公司，沿江两大产业带已具有相当大的规模，并有不断壮大之势。工业和港口的发展，使得沿江地区必将成为南京城市发展的主轴和产业最活跃、最富有生命力和最有前途的发展空间[19]。

在城市用地向沿江地带扩展过程中，自然也会遇到一些客观环境的阻力与限制，如沿江地带地势低洼，地质条件差等都会影响沿江用地的开发和利用，除非动用大量资金来填高土地、处理软土地基以改造沿江用地开发条件。因此，南京沿江地区都是自然条件较好的部分首先被开发利用。但南京经济发展实力达到一定程度后，沿江港口和城镇用地的开发将跨过这个“门槛”，开始有选择地向河漫滩地、圩区等地质条件差的地段发展，事实上新建的港区、住宅区已向低洼地区开发，如新生圩外贸港和赵庄沟油港，都做了大量填土工程，在水深条件好的河漫滩地择地而建；又如南湖小区一、二期工程皆向沿江地段的低洼漫地开发建设，已形成一个新的扩展趋势（图6-12）。

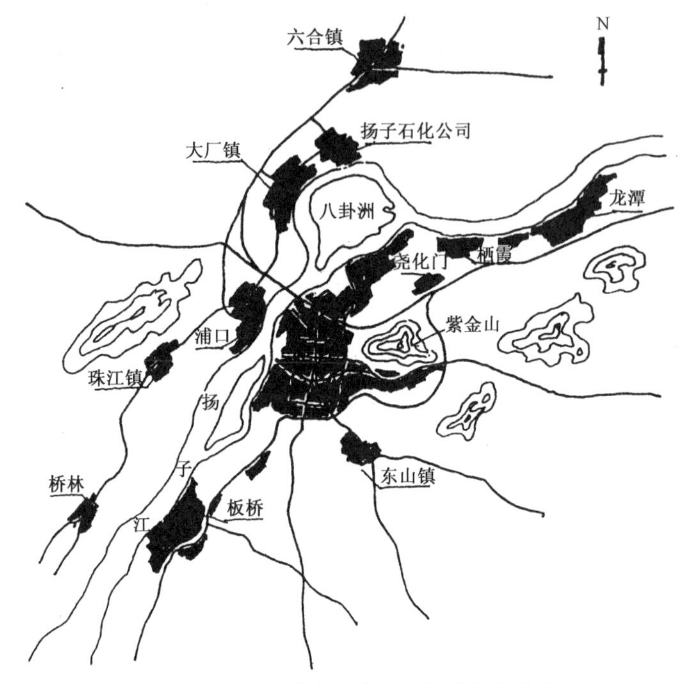

图 6-12 南京城市形态呈沿江发展之趋势

城市沿江发展的建构趋势是由长江巨大的通航潜力（现在通航能力只是长江通航潜力的十分之一）⑳ 及丰富的水利资源所决定。因长江“黄金水道”的巨大引力，上游的武汉、黄石、九江、安庆、铜陵、芜湖已经准备开发新港区；下游的镇江、江阴、张家港、靖江、南通已经或准备新建新水泊位港区。这些皆展示了城市用地沿江扩展的必然趋势和规律。

基于上述认识，许多专家学者对南京城市的未来发展提出了基本一致的空间模式。如有的提出轴向带形发展的基本模式（图 6-13），有的更具体提出，南京形态将是“以江为轴，结构多元，极核明确，分界模糊”的发展模式 ㉑。正如规划强调的那样，这种城市布局设想，是在承认现实

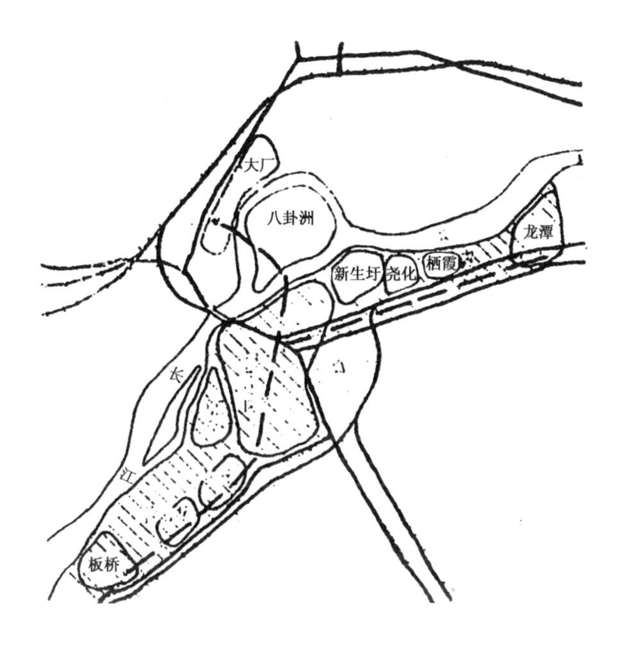

图 6-13　南京城市轴向带形发展模式示意图

基础上对城市发展的积极顺应及客观展望。

（二）进一步的假设与构想

无论从理论研究的角度还是从实践应用角度，都有必要进一步提出下列问题：即南京城市的轴向发展有没有一个发展极限，其轴向发展将呈现怎样的具体构型，从规划角度出发，我们将怎样控制利用这一发展趋势，等等。

针对上述问题，我们可给出各种各样的假设结果，并在假设的基础上分析问题的各种可能。虽然这些问题与假设大都和近期发展无关，但通过探讨这类问题可以开阔思路，深化认识，进而打破终态规划的传统观念，做好各种规划准备，充分应对城市多向发展。

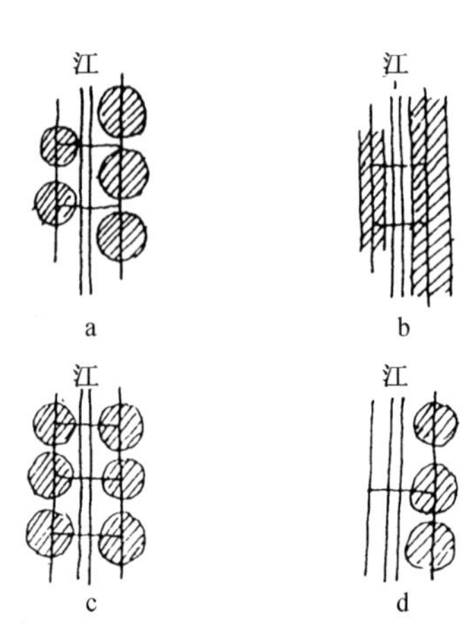

图 6-14 南京城市形态轴向发展四种假想模式

若假设南京城市的轴向发展是一个无限持续的过程，那么这一延展势必会使长江上下游城市连成“巨形城市带”。那么完成这一连接过程需要多长时间，对近期规划有无影响作用，如何认识“巨形城市带”对城市功能的利弊影响，我们应当延缓还是促进“巨形城市带”的形成过程；反过来，如果假设南京城市不是一个无限延展的过程，那么我们需了解什么因素可能中断城市形态的轴向发展，轴向发展到什么程度才能稳定，其稳定形式将呈现什么样的构形，轴向发展的同时或之后，城市形态还会朝着什么方向继续演动，等等。针对上述假设及问题，南京城市轴向发展即可能出现以下几种模式：即连续带模式（图 6-14a）、间断组团模式（图 6-14b）、侧边发展模式（图 6-14c）、对称发展模式（6-14d），等等。其中每一模式都有其合理的方面，但在不同时期，不同条件或不同的发展阶段，对每种模式的评价标准却不同。目前南京城市的总体形态尚处在间断组团的发展阶段，在此基础上，对南京城市形态的进一步发展，我们又可能提出三种基本模式（亦适于我国其他城市）。

第一种模式是限制主城的发展规模，大力发展卫星城镇（图 6-15a）。这一模式正是当前国家城市方针政策所提倡的模式。其特点在于缓解大城市的环境压力，有目的、有计划地带动主城周围地区的经济发展，但这一模式有背城市发展的自构趋势，其实施过程必须施以有力的人为干预。第二种模式是集中发展主城区，连带发展卫星城（图 6-15b）。这一模式与当前国家制定的城市方针并不一致，其特点在于：充分发挥大城市高集约、高效率、高层次的发展优势，节约城市用地，加快城市化进程。但就目前而言，由于我国城市建设在基础设施建设或改造方面的投资较少，跟不上城市发展的客观需要，故“城市病”问题日益突出。相对来说，城市聚落规模越小，“城市病”问题在表面上越容易解决，所以，限制大城市的发展规模，疏解大城市的环境压力，实际只是对城市问题的消极反应。第三种模式是限制主城区一般卫星城镇的发展规模，集中发展主要卫星城（图 6-15c）。这一种模式是在发挥聚落规模效应的基础上，结合现实条件提出的一种较佳选择，它既考虑到城市规模与城市效益之间的关系，又照顾到目前城市的客观条件，这种模式对当今城市的规划调整具有一定的参考价值和实用性。

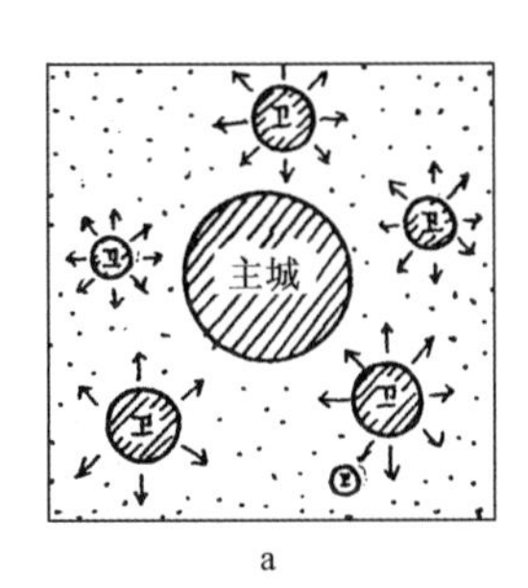

a
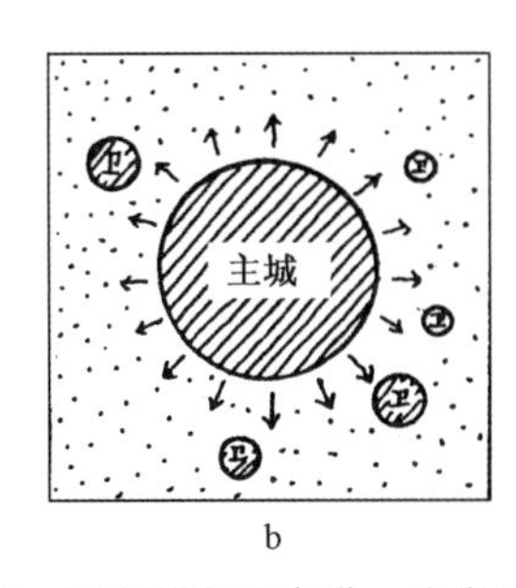

b
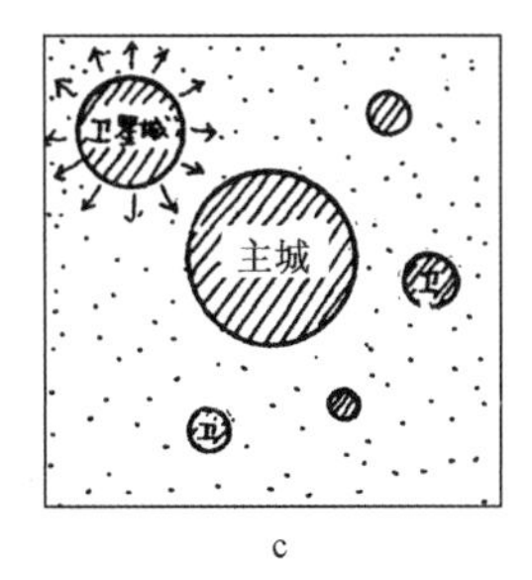

c

图 6-15　南京城市形态进一步发展的三种可能

实际上对南京来说，由于南京主城区与周围卫星城镇相距太近，多在 20 km 的地径范围内（有关研究认为，母城与卫星城在 25—30 km 范围内才能发挥卫星城的应用效用），主城与卫星城发展大有连成一片趋势，因此探讨上述三种模式几乎失去了实际意义。但针对南京城市发展的具体状况，我们可从其他角度，更客观、更全面地分析其未来发展的多种可能。譬如，假设南京周围未建成区皆作为可能开发地段（图 6-16），对每一地段的发展条件一一进行结合分析，可以提出：哪一地段最便于开发，哪一地段需要控制，每一地段的开发条件是什么，怎样确定它们的开发程序等诸多问题。随着问题的不断深入，得出的结果也逐渐明确，直至得出预期形态的基本构型（图 6-16），其后，再通过变换假设条件，便可分析得出形态发展的多种可能。

除正向推演（由现在到未来）城市形态的发展趋势外，我们还可用“反向推演法”（由未来到现在）来预测城市形态的发展构型。比如首先肯定南京周围地区都有开发的可能性，然后由远及近不断加入限定条件，不断增加否定因素，直至推演结果与现实结果相吻合，类似这样的“极端”推演，在规划过程中有时并不必要，但作为一种多方位、多途径的预测方法和规划手段则具有一定的实用性。比如对规划中确立的理想远景，我们可使用反推法来检验远景方案的可行性。当反推过程遇到不可排除的障碍时，即表明远景设想在将来规划实施中根本行不通。为了确保规划构想达到主观能动与客观自构的高度统一，提高规划方案的可行性与灵活性，对于规划预测采用的最佳方法，应是同时运用正、反推演法，通过正向、反向的双向检验，以避免规划方案的主观性。

（三）“坐标生态规划法”的建立与应用

以上对南京城市形态发展所提出的各种问题、假设与预测方法，虽然对开阔研究思路、启发规划思想很有必要，但泛泛地探讨并不能给出一个明确具体的预测结果。要使规划构想及预测结果更明确化、具体化及客观化，还必须借助更为有效的规划方法来解决问题。

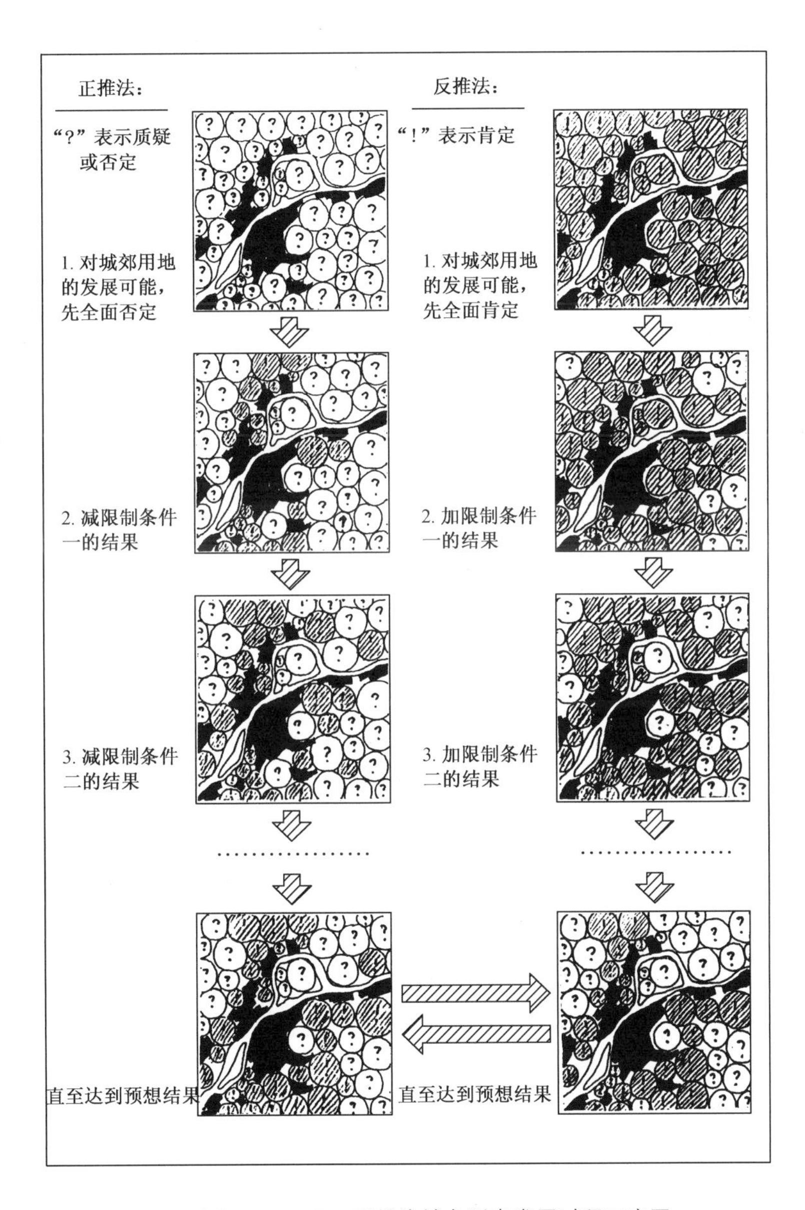

图 6-16 正、反推演城市形态发展过程示意图

为此，这里借助麦克哈格的“生态规划”技术，进一步提出一种新的规划方法——“坐标生态规划法”，试通过运用这一方法，建立城市规划发展的动态系统，更科学、更准确地分析预测城市用地形态的发展潜能。

所谓坐标生态规划法与生态规划法思路基本一致，但两者之间仍有不同，其差别主要在于：“生态规划法”的分析过程与综合过程过于简单，整个分析方法缺乏一个完整的评价系统与定位系统。这种方法对比较粗略问题的分析评价尚为有效，但若扩大分析评价的内容与范围，提高分析预测精度，那么“生态规划法”就会失去其实际效用。而“坐标生态规划法”通过建立明确的坐标体系与科学的评价体系，弥补了前者的技术缺陷，使得这项规划技术具有更广泛的适用价值。

“坐标生态规划法”（简称“坐标规划法”）技术程序可分七个步骤。

步骤一：确定目标和内容。“坐标规划法”的适用范围极为广泛，它不仅可用于研究城市发展的总体趋势，亦可用于分析城市局部形态的发展进程；它既适于对城市外部形态乃至区域结构的宏观研究，亦适于对城市内部结构问题的中观研究，即只要与用地、区位有关的所有问题都可借用“坐标规划”的技术方法帮助解决。但不同的研究目标与内容必然会影响“坐标规划法”的时空范围、相关因素以及评价体系的确定。所以确定的目标和内容是“坐标规划法”的基本前提和依据。

步骤二：界定时空范围。一般而言，在确定研究目标及内容时即间接限定了时空范围，但按“坐标规划法”的特殊需要，则有必要对其时空范围重新划定。“目标”含带的时空范围有时与“坐标规划法”的要求并不一致，以空间范围为例，研究目标确定的地域范围若太窄，在“坐标规划法”的研究体系中，则可能不足以反映空间相关的各个方面，进而影响“坐标规划法”的准确分析，故应适当扩大空间范围，来满足空间相关的整体性；反之，若划定的地域范围过于广阔，则可能徒增分析评价的空间范围，从而降低“坐标规划法”的实用效能。在时间界定方面也同样如此，若参照期限定得太远，可能使分析结果丧失其预测的准确性。因此，在界定研究的时空范围时，必须根据“坐标规划法”的双重需要——既考虑相关因素的整体性，又考虑分析过程的便捷性来加以限定。

步骤三：划分分析单元。“坐标规划法”是以坐标系中的基本网格为分析单元的。其中每一单元的分析结果仅仅代表基本网格范围内的平均状况，因此网格划分得越大，平均范围也就越广，反映的情况也越概括；反之，网格划分得越小，平均范围也越局限，反映的情况也就越具体。在划分“坐标规划法”的基本单元时，并非划分得越细密就越能提高分析预测质量，有时越细密反会使得分析过程过于繁琐复杂，浪费研究者的时间及精力。因此划分“坐标规划法”的基本单元应根据研究内容要求，在保证必要精度的基础上，尽可能减少分析单元数目，使其分析结果更加明确与简约。

步骤四：选择相关因素。事物在发展过程中，会表现出各种相关关系，其关系形式有直接相关和间接相关，相关程度亦有强有弱。在错综复杂的事物之间，如何筛选主要与次要的影响因素是“坐标规划法”的一项重要研究内容。一般而言，选择事物的相关因素多依据人们对事物发展的观察和认识，即凭借规划者长期积累的工作经验进行确定。但有些重要相关较为隐秘，不能被我们觉察与掌握。因此，选择相关因素关键在于挖掘事物之间的既重要又隐秘的相关性。此外，事物的相关因素可以进行适当的综合与分解，如影响城市用地发展的交通因素即可分解为水运交通、陆运交通等等。相关因素分解得越深入，越有助于找出事物相关的简单关系，或排除那些不利于研究的弱相关因素，但无尽的分解亦会徒增分析预测的复杂性。

步骤五：建立相应的数学模型。麦克洛夫林指出，事物之间存在的关系有三种基本形式：①决定性因果关系。即当 A 发生时，B 亦发生，也即 A 为因，B 为果。②概率性因果关系。即 A 发生时，B 随之发生的概率为 P，也即 A 使 B 发生的可能性为 P。③相关关系。A 的发生与 B 的发生有某种关系，其关系程度可用统计方法测定，但二者之间并无因果关系。对于前两种基本形式都可用数学模型进行描述，不仅可使定性关系定量化，更可借助发挥计算机运算的辅助作用。当然，有关城市发展的数学模型大都是结合实际发展而建立的，多为经验公式，因此随着时空环境的不断演变，建立的模型参数及公式本身也应随之进行相应调整。建立城市发展相关因素模型是专业性很强的技术工作，这项工作应分别由各个专业部门承担完成。

步骤六：分项评价。从单项分析的角度出发，我们可根据相应的数学模型或有关的统计资料来确定单元之间的质量差别，并建立起区别这些差别的等级体系。在分项评价中，有些评价是基本事物的客观性和规律性，如实分划其等级差异，如对区位优势，即可按远低近高的自然分布进行等级划分。又如对地质地貌的质量分析亦不能随意评定。还有一些评价标准是根据人的价值观念来确定，如从美学角度对城市景观质量评定即无客观统一的评价标准。因此如何建立主观因素的评价系统应是分项评价审慎处理的主要内容。在分项评价的体系之间主要存在两种形式：一是非相关型评价，即评价结果是独立的，不反映其他因素影响作用之间的强弱对比；另一是相关型评价，即评价结果反映综合评价的等级关系。

步骤七：综合评价。综合评价并不是一项简单的叠加工作。“生态规划法”那种通过叠合单项分析结果来找出“最佳”开发区位的处理方法，其所得的判断有时并不准确，如在评价城市用地开发方面，某一单元的各项评分都很高，唯有一项评分近乎于零，若采用简单的技术叠加，势必得出其较高的得分结果，即从数值上看，该单元具有较大的开发价值，但实际上由于某一因素的严重影响，却使这一区位丧失开发可能性。因此，分项结果的综合评价仍是一项复杂的技术工作，同样需要借助数学手段来完成。对综合非相关型的分项评价更需如此。综合评价是“坐标规划法”的最终形式，其评价结果预示着城市的某种潜能，这种潜能便可作为规划管理的阶段依据和具有参考价值的发展模型。

以上七个步骤仅仅是对“坐标规划法”程序的粗略论述，作为一种新的规划技术和方法，还有待在今后的规划实践中得到进一步的完善和补充。

下面试用这一规划方法来分析预测南京城市形态的发展趋势。

首先，确定具体的研究内容；分析预测“南京沿江地区综合规划”（简称“综合规划”）实施后（假设实际发展与规划构想基本相符），南京城市形态进一步的发展趋势。一般来讲，城市形态的发展趋势即城市用地的发展趋势。而城市用地的发展趋势主要与城市周围的开发环境直接相关，哪一地段的开发条件最为有利，哪一地段就最有可能优先发展，因此，分析评价城市周围用地的开发环境，是预测城市形态演变趋势的手段。

然后，确定时空范围：设以“综合规划”界定的地域范围为准（以主城为中心，方圆约 360 km^2）并设 1 km^2 为分析单元，按标准经纬建立定位坐标系。

在选择相关因素方面，与用地开发环境直接相关的影响因素大致有交通、地质地貌、区位、给排水、供电通讯、地价、人口、污染源、景观等多种因素，其中每一因素都可作为分项评价的一个方面。当然，如何取舍相关因素，应根据实践经验及深入的观察来加以确定，这里只是一种泛泛的列举。实际上在这些因素之间亦存在交叠影响的相互关系，如交通与区位、区位与地价、地价与地质关系等等，它们之间都可能存在某种关联性，但每一分项都有各自的基本特质，不可互加取代，如地价虽与区位有关（即相对市中心距离有关），但区位却不能反映某地段的资金投入及“地力”等决定地价高低的基本内容。故交叠现象虽在所难免，然而分项评价仍有它不可能取代的重要性。

在建立数学模型过程中，应首先区分其相关性质（如是因果关系还是非逻辑关系等），然后分解其相关因子，最后再建立相应的数学模型。

在区位因素方面，根据城市发展的磁吸理论，城市规模越大，城市对周围地区的影响范围就越大。以城市中心为圆心，向外作同心圆，则同心环地域距中心越远，受磁吸引力的作用就越小，其遵循的曲线模型如图 6-17 所示。无论是屠能（Thunen）的农业区位论还是韦伯（Weber）的工业区位论都反映了这种城市区位的基本特征。当然这是对区位作用的宏观认识，实际上从微观角度讲，交通线、供水供电线路及污染源等对周围环境都具有这种区位性的影响作用。

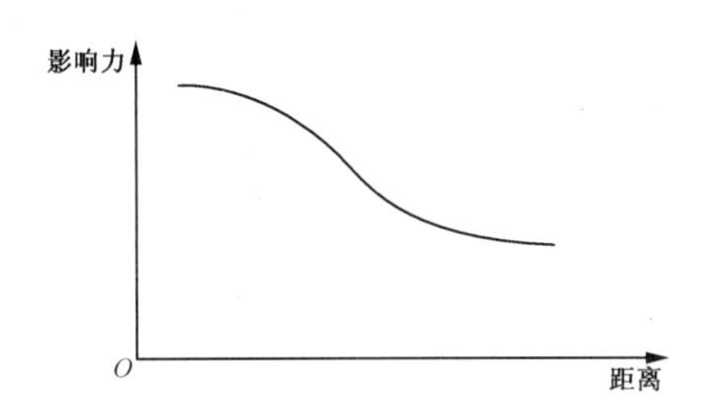

图 6-17 城市中心对周围地区影响作用曲线模型

在交通因素方面，影响地段开发环境的因子即有交通方式（如水运、陆运、火车、汽车及人力运输）、道路与航道的等级（可反映在路幅、路面质量、通行要求、水深水宽等许多方面），以及交通线与地段之距离（又可分纵向距离与横向距离）等，每一因子都会影响开发地段的环境质量。而南京交通具有“水、陆、空”三结合的综合特点，且水运、陆运相当发达，根据其交通结构的分布状况可将交通优势分为 5 级。假设距水路、公路、铁路三者较近地段的地带为 5 级（最高级），距其中两者较近的为 4 级，距其一较近的为 3 级，其他较远地段为 2 级或 1 级（准确的评价尚待建立数学模型来帮助完成），所得结果如图 6-18 所示。该图表明：如南京城市扩展的主要动因仅取决于交通因素，则南京的城市形态将朝如图预示的方向发展演进。

在评价南京城市周围的区位优势时，还应同时考虑卫星城的复合影响作用。假设南京周围地区的区位优势亦分 5 级，在市中心的鼓楼为圆心作圆，设半径为 13 km 范围内的为 5 级，在 13—20 km 范围内为 4 级，在 20—

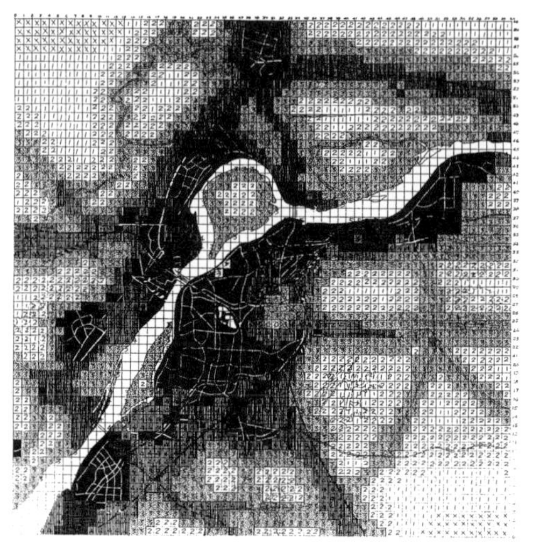
图 6-18　南京城郊交通区位优势分析评价图

30 km 范围内的为 3 级，在 30—40 km 范围内为 2 级，40 km 以外的为 1 级。另外，卫星城相应降低 1 级并按影响范围的标准进行划分；山水之隔亦相对减低（这方面数学模型亦待建立）。据此，得出结果如图 6-19 所示，该图反映了区位优势对城南发展的影响作用。

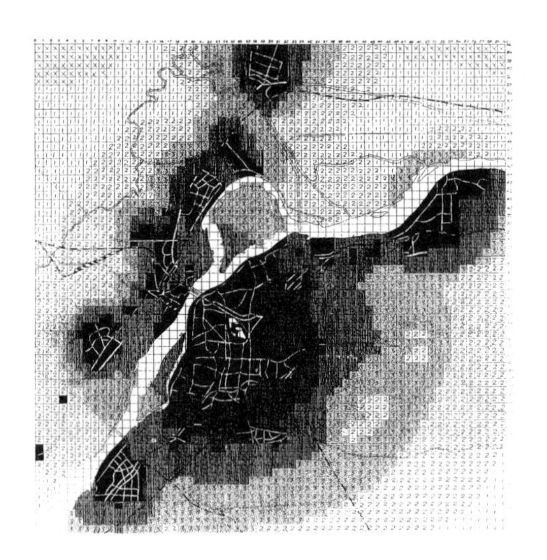
图 6-19　南京城郊用地区位优势分析评价图

在地质地貌方面，自然因素对开发环境的影响几乎是固定不变的。关于这类评价多以勘探调查统计的数据为准，从建设条件的要求出发，按照地基承载力、地面坡度、地下水埋深、风景资料和矿藏资源等条件，试将南京土地划分为 5 个等级，设：不需工程措施即适宜修建的用地为 5 级用地，稍需工程措施可修建的用地为 4 级用地，这两级用地的地质状况以黄土阶地谷地、高河漫滩等为主；需采取简单工程措施才可修建的用地设为 3 级用地，其地质状况多是砂岩低山等；需要采用复杂措施才能修建的用地为 2 级用地，需要采用极为复杂、特殊措施后才能修建的用地为 1 级用地。这两级用地的地质状况是以低谷漫滩及沙洲为主。另外还有不宜建设或严加控制的用地，矿藏区、塌陷区、风景控制区等，设这类用地的评价指数为 0，根据南京地区地貌、矿藏、风景资料的分布状况得出如图 6-20 所示的评价结果。

另外，我们还可从人口、地价、给排水、供电、通讯、污染、景观等多种角度建立分项预测评价体系。但这里分析评价只作为假设与示意，故不对更多的相关因素一一赘述。

最后，根据上述多种因素的分项预测，再进行整体性的综合评价。这里仅用简单叠加法（实际上的结合方法尚待研究）得出如图 6-21 所示的综合预测结果。展现的分级形态即预示了“综合规划”实现后南京城市形态的发展趋势。但值得强调的是：图 6-21 展现的趋势只是城市形态

图 6-20　南京城郊地质地貌分析评价图

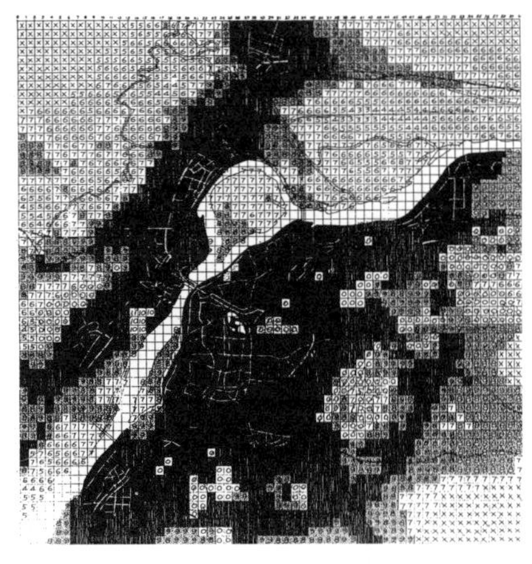

图 6-21　南京城市用地发展综合评价潜势图

进一步可能的潜势，城市的扩展有时并不完全遵循“潜势”预示的发展方向，因为城市的开发有时是以单位形式进行的，这些开发单位在选址时则是从局部利益出发，“潜势”预示的总体趋势也许并不符合单位利益，但“潜势”预示的总体趋势并不会因此失去意义。从全局角度讲，这种“潜势”对宏观控制城市扩展，优化城市开发程序则有一定的参考价值。

以上阐述的是运用“坐标规划法”探讨南京城市用地发展的一种研究途径，其评价标准及预测结果皆为假设，真正准确、实际的分析、预测还有待今后建立动态规划的研究体系。因为“坐标规划法”的分格程序都可借助电脑来辅助完成，通过向电脑输入分析程序及建立相应的数据库，则根据城市的发展变化可随时调整有关参数，经过电脑分析运算即能得出相应的发展模型。如按年调整有关参数，经过电脑辅助便可建立南京城市规划的“滚动”系统。

注释

① 《首都计划》“南京今后百年人口推测”。

② 徐琳：南京市都市计划现实问题．《南京市政府公报》，5（1）．（民国三十七年七月）。

③ “长线平衡”与“短线平衡”是经济计划中的一对术语。“长线平衡”指计划着眼于远景发展，计划指标定得相对偏高。“短线平衡”指计划注重于现实条件，计划指标定得相对偏低。

④ [美]瓦尔马．现代化问题探索[M]．周忠德，严炬新译．北京：知识出版社，1983．

⑤ 王规心，等．我国城镇化道路问题[M]．贵阳：贵州人民出版社，1986．

⑥ [日]星野芳郎．未来文明的原点[M]．毕晓辉，董守义译．哈尔滨：哈尔滨工业大学出版社，1985．

⑦ 夏宗轩．南朝鲜城市发展见闻[J]．城市规划，1988：（5）．

⑧ [美]金，克里兰．战略规划与政策[M]．《战略规划与政策》翻译小组译．上海：上海翻译出版公司，1984：1．

⑨ [美]金，克里兰．战略规划与政策[M]．《战略规划与政策》翻译小组译．上海：上海翻译出版公司，1984:111．

⑩ [美]托夫勒．预测与前提[M]．粟旺译．北京：国际文化出版公司，1984．

⑪ [美]金，克里兰．战略规划与政策[M]．《战略规划与政策》翻译小组译．上海：上海翻译出版公司，1984:1．

⑫ 朱锡金．城市结构的活性[J]．城市规划汇刊，1984：193．

⑬ [美]金，克里兰．战略规划与政策[M]．《战略规划与政策》翻译小组译．上海：上海翻译出版公司，1984：384．

⑭ [英]麦克洛克林．系统方法在城市和区域规划中的应用[M]．王凤武译．北京：中国建筑工业出版社，1985：62．

⑮ [英]麦克洛克林．系统方法在城市和区域规划中的应用[M]．王凤武译．北京：中国建筑工业出版社，1985：65．

⑯ [英]霍尔．城市和区域规划[M]．邹德慈，金经元译．北京：中国建筑工业出版社，1985：5．

⑰ 参见波兰科学院院士，萨伦巴教授等讲稿及文选《区域与城市规划》城乡建设环境保护部城市规划局。

⑱ 麦克康门斯·劳伦斯，罗莎·尼古拉斯．什么是生态学[M]．余淑清译．南京：江苏科学技术出版社，1984：28．

⑲ 南京市规划局《南京沿江地区综合规划研究综合报告》。

⑳ 顾新华．长江在呼唤[M]．南京：江苏人民出版社，1988．

㉑ [美]金，克里兰．战略规划与政策[M]．《战略规划与政策》翻译小组译．上海：上海翻译出版公司，1984：384．

结 论

在以往的研究领域中，人们通常从两大角度探讨城市的建构问题：一是从城市客观发展的角度，通过归纳、分析大量的研究案例，来探讨城市发展的基本规律；另一是从人为建构城市的角度出发，研究如何规划、管理城市的建设发展，及怎样发挥人的能动与创意。然而上述两种研究大都忽略了两者的交互作用和相关联系，本文提出“中间结构形态”的研究课题，即是从一个新的角度探讨城市发展的建构过程与规律。

本文通过对“中间结构形态”及相关问题的理论研究，主要得出两点结论和认识：

一、城市结构形态是一个复合性概念，它包含了城市结构与城市形态两方面内容。城市结构强调的是城市内在关系，城市形态强调的是城市外在表征。城市的内在关系与外在表征是不可分割的统一整体，因此无论研究两者任何一方，都必然涵盖其相对的内容。

二、城市中间结构形态是城市自构与被构交互作用形成的具有人为与自然双重性的结构形态。城市结构形态的“中间度”，在人为方面取决于规划的科学性与权威性，在客观方面取决于环境的适宜性与稳定性。探讨城市中间结构形态问题，实质上是研究城市规划与发展现实的关系问题。

本文通过对南京城市结构形态演变的总体分析，共得出以下几点结论与启迪：

一、城市建构是人的主观改造城市的客观、城市的客观再反过来修正人的主观，以及人的主观凭借城市的客观、城市的客观又“依附”人的主观交替更演的渐进过程。这种交替更演反映在规划建构上，即呈现出城市规划从否定走向否定的本质特征。

二、“终态”观念的历史衰减是城市发展节奏不断加快在人头脑中的客观反映。终态观念既是历史发展的必然产物，也必然被历史的发展所否定。“终态”是相对的，“动态”是绝对的。城市的发展没有永恒的结果，只有永恒的过程。

三、南京作为我国城市的一个缩影，它的规划发展体现出我国城市规划外化建构的实践历程，即我国城市的规划活动主要集中在理论模式的实践上，而较少上升到内化建构的理论水平。这一发展特点的根本制因主要取决于我国古代社会发展的“超稳定结构”，及现代社会发展在某些方面的滞后性。

四、从近期来看，南京城市形态的演进将继续保持沿江轴向发展的总趋势。但通过运用“坐标规划”的粗略预测，不难看出，南京城市形态的远景发展却存在朝东南等方向周边拓展的大趋势。若要积极控制城市用地的发展趋向与形式，我们还必须建立相应的动态规划管理体系，借助科学先进的电脑系统，使今后的规划、管理真正具有主动性。

以上即为本书研究得出的几点主要结论。英国著名哲学家波普尔（K.R.Porpper）指出：“我们的理论无论真还是假都告诉我们更多的关于未知世界的知识。假如我们发现理论告诉我们的某些东西与事实不符，那么这就是新的发现，它就增长了我们的知识，它就会使我们重新开始探讨更好的理论。”

本书对城市中间结构形态问题的研究带有一定的尝试性，限于笔者的研究能力与理论水平，本书的探讨难免存在主观、片面之处，在此敬请学界前辈与同仁赐教、斧正。